경북의 종가문화 34

# 대의와 지족의 표상,
# 영양 옥천 조덕린 종가

경북의 종가문화 34

대의와 지족의 표상,
**영양 옥천 조덕린 종가**

기획 | 경상북도 · 경북대학교 영남문화연구원
지은이 | 백순철
펴낸이 | 오정혜
펴낸곳 | 예문서원

편집 | 유미희
디자인 | 김세연
인쇄 및 제본 | 주) 상지사 P&B

초판 1쇄 | 2015년 2월 2일

주소 | 서울시 성북구 안암로 9길 13(안암동 4가) 4층
출판등록 | 1993년 1월 7일(제307-2010-51호)
전화 | 925-5914 / 팩스 | 929-2285
홈페이지 | http://www.yemoon.com
이메일 | yemoonsw@empas.com

ISBN 978-89-7646-333-3  04980
ISBN 978-89-7646-329-6  (전4권)
ⓒ 경상북도 2015 Printed in Seoul, Korea

값 15,000원

경북의 종가문화 34

# 대의와 지족의 표상,
# 영양 옥천 조덕린 종가

백순철 지음

예문서원

본서는 한국 전통사회의 종가문화를 집대성하는 야심찬 사업의 일부로 기획되었다. 종가의 역사와 문화를 살펴보고 정리하는 이 연구는 한국 상층문화의 지성사를 거시적으로 조망하는 사업인 동시에 지역의 생활과 관습이 어떻게 형성되었는지를 미시적으로 들여다보는 작업이라는 점에서, 오늘의 한국사회를 깊이 이해할 수 있는 든든한 토대가 될 수 있다는 점에서 그 기획의 무게가 만만치 않다고 하겠다.

필자가 이러한 의미 있는 사업에 참여하게 된 것은 연구책임자인 경북대 국어국문학과 정우락 교수님의 권유를 통해서였다. 근래에 영양 주실마을 출신의 내은 조인석과 그 따님인 은촌 조애영에 대해 관심을 갖고 연구한 것을 살펴보시고, 호은종가와 더불어 주실마을의 대표적 종가인 옥천종가에 대해 한번 정리해 볼 것을 제안하셨던 것이다. 원래 필자는 남성 중심으로 설명되는 '종가'의 문화적 의미보다는 지역성을 기반으로 한 여성 작자들의 문학세계를 살펴보는 데에 주로 관심을 두었던지라 이참에 관련 연구의 폭과 깊이를 더할 겸 덜컥 제안을 받아들였는데 그것이 만용이었음을 깨닫는 데는 그리 오랜 시간이 필요치 않았다.

현재는 5~60호 남짓한 작은 마을이고, 과거에도 그리 크지 않았던 이 주실마을은 그 자체로 하나의 우주이자 세계였다. 그 구심점에 바로 호은과 함께 옥천과 그 후손들이 자리하고 있었다. 조선 후기 당파 간 갈등으로 인해 겪게 된 가문의 오랜 정치적 시련은 오히려 학문에 전념하여 사상과 문학이 흥성하는 계기가 되었고, 지행합일의 올곧은 지향은 늘 올바른 시대정신으로 역사와 마주할 수 있는 바탕이 되었던 것이다. 그런데 감히 이 거대하고 깊이를 가늠하기 어려운 가문의 역사와 문화를 정리하겠다고 나섰으니 그것이 만용이 아니고 무엇이겠는가.

집필 작업을 진행하면서 필자는 하나둘씩 욕심을 버리고 옥천의 정신적 지향이 후대에게 미친 긍정적 영향은 무엇인지, 옥천종가의 문화적 위상은 지금의 이 시점에서 볼 때 어떻게 자리매김할 수 있는지에 초점을 맞추어 논의를 진행하고자 하였다. 그러다 보니 옥천의 '지행합일'의 정신이 가학을 통해 계승되면서 늘 동시대보다 먼저 '깨어 있음'에 주목하게 되었고, 이것이 조선 후기를 넘어 근대전환기에 이르기까지 대의와 지족의 표상으로서 개화를 주도하는 바탕이 되었음을 강조하게 되었다. 옥천과 그 후손들의 사상과 문화적 성과는 그런 점에서 아무리 강조해도 지나침이 없다고 생각한다. 다만 염려되는 것은 서술 과정에서 사실 관계의 오류나 불필요한 내용들의 서술로 인해 문중 분들에게 누를 끼치지나 않을까 하는 점이다. 이에 대해서는 많은 질정을 바란다.

필자에게 옥천과 그 종가에 대한 공부는 이 책을 계기로 해서 이제 비로소 시작되었다고 할 수 있다. 향후 영남지역에서, 나아가 조선 전체에서 옥천과 그 가문이 차지하는 사상적, 문화적 위상을 온전히 이해하고, 유교지식인이 근대전환기 독립운동을 통한 시대정신에 기여한 점과 개화에 미친 긍정적 영향을 좀 더 심도 있게 살펴볼 기회를 갖고자 한다.

부족한 역량으로 작업을 진행하는 과정에서 선행 연구에 힘입은 부분이 적지 않다. 안동대학교 안동문화연구소에서 출간한 『영양 주실마을』(예문서원), 한국국학진흥원에서 한양조씨 옥천종택에서 기증받은 고서 및 고문서와 유물들을 정리하여 간행한 『한양조씨 옥천종택』, 한국국학진흥원 김미영 선생님의 『영양 종가의 전통과 미래』 등은 주요 내용을 집필하는 데에 많은 도움이 되었다. 이 자리를 빌려 감사의 마음을 전한다. 이 외에도 도움 받은 자료의 저자들이 적지 않은데, 책 말미에 참고문헌을 제시하는 것으로 대신하는 것에 대해 양해를 부탁드린다. 마지막으로 종가 관련 문집 자료 및 사진 영상 자료 등을 제공해 주시고 현지답사에도 많은 도움을 주신 영남문화연구원의 백운용 선생님을 비롯한 연구원들에게도 깊이 감사의 뜻을 표하고 싶다.

갑작스러운 종가 방문에도 늘 따뜻하게 맞아 주시고 자상하게 설명해 주시던 종가 어르신들의 여유롭고 품위 있는 모습을 잊을 수 없다. 종가의 전통은 그렇게 그분들의 부드러운 말씨와 온화한 표정, 해박한 지식을 통해 만들어지고 계승되고 있는 것이 아닐까 생각해 본다.

2014년 초겨울
문천지에서
백순철

# 차례

# 제1장 입지 조건과 종가의 형성 과정

# 1. 주실마을의 지리적 성격

　　주실마을은 백두대간 줄기인 일월산에서 발원한 산맥에 의해 형성된 마을이다. 동쪽으로는 경주 토함산, 서남쪽으로는 안동 학가산에 이르는데, 주실마을은 두 지맥에 의해 만들어진 첫 마을이다. 원래 1630년 이전에는 마을 건너편에 주씨朱氏가 살았으나, 1629년에 한양인 호은壺隱 조전趙佺이 이 마을에 입향하여 정착한 후에는 한양조씨들의 집성촌이 되었다. 주실마을은 호은 조전을 입향조로 모시는 한양조씨들의 동성마을이다.

　　영양에서 918번 도로를 따라 북쪽으로 가다가 일월에서 좌회전하여 약 2킬로미터 정도 더 가면 오른편에 큰 숲이 나오는데, 주실마을 즉 주곡리는 바로 이곳에 위치해 있다. 마을 이름은

주실마을 표지석

물을 댄다는 의미인 주注와 마을이라는 우리말의 실을 합쳐 ‘주
실’이라고 부른다. 장군천 위로 주실교를 건너 일월산 아래에 마
을이 조성되어 있는데, 마을 1킬로미터 전 지점에 도로 우측 편
으로 ‘주실마을’이라고 쓰인 돌 표지판이 있어 마을의 위치를 쉽
게 찾을 수 있다.

일월산으로 들기 전, 시인의 고향인 주실마을은 초록빛이 여전하다. 마을 전체에 햇빛이 잘 들어 숲 전체가 찬란한 녹음을 드러내고 있다. 마을 앞으로 흐르는 장군천이 만들어 낸 빈 공간을 막아 보고자 조성했던 숲은 200~300년 된 느티나무와 느릅나무가 어엿하게 들어서 있다. 이 숲은 산과 산 사이의 터진 곳을 가리기 위해 약 380년 전에 조성한 비보숲(裨補林)으로, 도로가 관통하기 전에는 외부의 시선으로부터 마을을 감추어 주고 마을로 들어오는 나쁜 기운을 막는 역할을 했다고 한다. 마을로 들어서는 다리인 주실교를 비롯해 마을 주변의 도로가 잘 닦여 있어서 마을 전체를 차로 둘러보기에도 부족함이 없다. 마을로 들어서면 마을 앞에 붓을 닮은 문필봉과 연적봉이 보인다. 이 때문에 박사와 대문호가 많이 난다는 풍수가들의 이야기가 전한다. 뒤로 산이 아늑하게 마을을 감싸고 있고 앞으로 맑은 천과 너른 들이 탁 트여 있으니, 더 이상 바랄 것 없이 아름다운 풍경이다. 이처럼 주실마을의 아늑하면서도 폐쇄적이지 않은 지리적 환경은 한양 조씨 공동체의 유대감을 강화하면서도 외부의 자극에 개방적인 태도를 갖게 한 것으로 보인다.

마을 앞으로는 비교적 넓은 평야가 펼쳐져 있다. 넓게 펼쳐진 들에서는 대부분 벼농사가 이루어지고 있으며, 밭의 경우는 고추 농사를 많이 짓고 있다. 마을 안에는 호은종택壺隱宗宅이 있고, 월록서당이 있으며, 조선 정조 때의 유학자 조술도趙述道

주실마을 전경

(1729~1803)가 학문을 가르치던 만곡정사晚谷精舍가 있다. 이 외에
도 한양조씨 옥천玉川 조덕린趙德鄰(1658~1737)의 고택인 옥천종택
그리고 창주정사 등의 오래된 건물들이 많다. 이러한 종택 마을
은 종택을 중심으로 입향조의 후손들이나 구성원들이 공동체의
삶을 영위하고 있는 공간이다. 입향조가 터를 마련한 후 오랜 세
월이 지나도록 훼손되지 않고 마을이 유지되어 온 것은 산세와
수세가 균형을 이루고 있어 풍수적으로도 좋은 기운을 가지고 있
기 때문이다.

주실마을에는 세 개의 봉우리 아래에 대부분의 주택들이 위치하고 있다. 마을의 앞산은 문필봉이며, 뒷산은 부용봉이라 부른다. 문필봉은 선비들이 쓰는 붓의 형상과 같다고 한 것에서 유래되었는데, 이러한 형국에 영향을 받아 학자와 문인들이 많이 배출되었다.

조선 후기 영남 남인들이 퇴계성리학에 침잠해 있을 때도 주실의 남인들은 근기지역 남인들과의 활발한 교류를 통해 실학에 대한 관심을 키워 갔고, 근대화 초기 일제강점의 상황에서도 주실마을의 청년들은 민영환, 이상룡, 장지연, 신채호 등의 지식인들과 교류를 하며 적극적으로 근대화의 흐름을 수용하였고, 이상용 일가와 더불어 거국적인 독립운동에 동참하기 위해 만주로 이주를 감행하여 시대정신에 부합하는 행동하는 강인한 지식인들의 모습을 보였다.(현 종손의 증조부 창사 조만기─애족장 추서) 이후 새로운 학문의 자극을 두려워하지 않고 공동선을 위해서는 다른 이들과 논쟁을 마다하지 않는 전통은 19세기 후반 이후 강하게 밀려드는 개화의 흐름 속에서도 흔들림 없이 근대화에 동참하는 인재들을 양산해 낼 수 있게 하였다. 주실마을 출신 인사들이 1890년대 이후 영양지역의 근대문화 도입을 주도하고 1928년부터는 양력과세를 도입하는 등 개화에 적극적이었던 점은 그런 점에서 의미 있는 모습이라 할 수 있다.

## 2. 한양조씨의 입향과 옥천종가의 형성

한양조씨는 고려 때 첨의중서사僉議中書事인 조지수趙之壽를 시조로 한다. 한양조씨가 영양에 입향하게 된 것은 조원趙源 (1511~?)이 1553년에 영양으로 이주하면서부터이다. 조원의 조부인 조종趙琮은 1519년 기묘사화 때 집안에 위기가 닥치자 외가와 처가의 연고가 있는 영주로 이주하였고, 이후 조종의 후손들은 영주, 안동, 풍기, 예천, 영양 등지에 뿌리내리게 되었다. 한양조씨 문중은 정암 조광조가 기묘사화를 당한 지 26년이 지난 1545년에 신원되고 1568년에 문정文正이란 시호를 받게 됨으로써 비로소 시름을 덜 수 있게 되었다.

조종의 어머니는 전주이씨로 의안대군 이화의 증손녀인데,

아들과 함께 영주에서 살다가 죽어 영주 초곡에 무덤을 썼다. 조종의 아내 평해황씨 역시 영주 출신이다. 조종은 조인완, 조의완, 조예완, 조지완, 조신완, 조형완 등 여섯 아들을 두었다. 이 가운데 형완亨琬은 안동의 풍산으로 이주하여 정착하였고, 조인완의 둘째 아들 조정은 풍기로 이거하였으며, 형완의 아들인 조원은 다시 영양으로 이주하여 살게 되었다. 영남지역 북부 곳곳에 한양조씨들이 흩어져 살게 된 것이다.

조원은 25세 때인 1535년에 함양 오필吳潷의 딸과 결혼하여 처가가 있는 영양의 원당리로 이주하여 살게 되었다. 조원의 몰년歿年은 정확하게 알 수 없고 그의 생활에 대해서도 구체적으로 남겨진 내용이 없어 알 수가 없지만, 그의 선조가 조선개국의 공신이라는 점과 오씨 집안의 경제력으로 영양 사회에서 뿌리내려 살기 시작했음을 짐작할 수 있다. 조원은 경산당景山堂 광인光仁 (?~1582)과 약산당約山堂 광의光義(1543~1608)의 두 아들을 두었다. 아들들의 이름에 인의仁義 두 글자를 새겨서 정신적 지향으로 삼은 것이다.

한양조씨가 사실상 영양의 각 지역에 뿌리내리고 살기 시작한 것은 조원의 손자 대에 와서이다. 광인은 수월水月 검儉(1570~1644), 사월沙月 임任(1573~1644), 그리고 적籍의 3형제를 두었는데, 검은 도계리, 임은 원당리에 정착하여 살았다. 광의는 연담蓮潭 건健과 호은壺隱 전佺, 그리고 간侃과 신伸까지 아들 넷을 두었는데, 이 중 건은 가곡리, 전은 주곡리 즉 주실에 정착하여 살기 시작하였다. 광의는 1592년 임진왜란이 일어났을 때 나라에 군량이 넉넉하지 못함을 염려하여 자진해서 많은 곡물을 제공하기도 하였다. 1593년에는 군자감판관軍資監判官을 제수받고 통정대부에 올랐으며 장악원판결사掌樂院判決事에 임명되었다. 만년에는 '약산당'을 지어 그곳에서 거처하였다.

주실에 한양조씨가 정착한 것은 1629년으로, 전佺과 그의 아들 석우공石宇公 정형廷珩이 정착하여 살게 되면서부터이다. 조원의 손자이자 옥천의 증조부가 되는 조전趙佺의 호는 호은壺隱으로, 그가 주실마을 한양조씨의 입향조가 된다. 입향 전에는 주씨들이 건너편 마을에 살았다는 이야기가 구전으로 전한다. 그의 주손으로 이어 오는 호은종가가 주실마을의 중앙에 위치하고 있다. 전의 아들 정형은 군頵, 병頩, 변頒의 아들 셋을 두었는데, 장자 군頵은 이시명李時明(1590~1674)으로부터 학문을 수학하였으나 아버지 정형이 병환으로 집안일을 돌보지 못하자 학문에 전념하기보다는 집안을 일으키는 데 애썼다. 군은 풍산류씨 류운용의 5세손인 세장世長의 딸과 결혼하여 호봉壺峰 덕순德純(1652~?), 옥천玉川 덕린德鄰, 덕신德臣, 덕빈德賓의 아들 넷과 딸 둘을 두었는데, 셋째 덕신은 숙부 변頒에게 출계하여 양자로 들어갔다. 군의 동생 병頩은 임호霖湖 덕후德厚, 임악霖岳 덕구德久, 덕수德壽의 3형제를 두었다.

주실에 입향한 한양조씨는 덕후와 덕구 형제가 소과에 합격하고 덕순과 덕린 형제가 대과에 급제함으로써 지위가 한층 강화된다. 조덕순은 장원급제하여 이름을 날리고 병조좌랑 등을 지냈으며 1693년에 타계하였다. 조덕린은 문과를 통해 벼슬길에 오른 후 지평 등을 거쳐 동부승지에까지 올랐다. 그러나 조덕린은 벼슬보다는 영남지방을 대표하는 유학자로 후세에 이름을 떨쳤다. 이 두 형제의 어머니 풍산류씨는 퇴계 이황의 제자인 류운룡의 증손자 류세장柳世長의 따님이다. 옥천玉川의 부인은 안동권씨로, 학사鶴沙 김응조金應祖의 외손이다. 부부 사이에 3남 1녀를 두었는데, 아들의 이름은 희당喜堂, 희상喜常, 희상喜尙이다. 첫째 희당은 원래 아들 여섯에 딸 둘을 두었다. 아들은 정수재靜修齋 조준도趙遵道, 월하月下 조운도趙運道, 조근도趙近道, 마암磨巖 조진도趙進道, 만곡晩谷 조술도趙述道, 조적도趙適道인데, 이 중 여섯째 적도는 출계하여 숙부 희상喜尙의 양자로 들어갔다. 첫째 준도는 아들이 없어 넷째 진도의 아들 거신居信을 양자로 들였고, 둘째 운도는 아들 하나를 두었으니 바로 가옹稼翁 조거선趙居善이다. 셋째 근도는 자식이 없어 다섯째 술도의 아들 거우居愚를 양자로 들였다. 넷째 진도는 거신居信, 거양居讓, 거동居東, 거남居南의 아들 넷을 두었는데, 이 중 거신은 출계하여 준도의 양자가 되었고 거남은 바로 『초당세고』에 문집이 실린 고은古隱이다. 다섯째 술도는 거회居晦와 거우居愚 두 아들을 두었는데, 거우는 출계하였다.

옥천의 증손되는 매오梅塢 조거신趙居信은 일복日復, 필복必復, 원복元復, 관복寬復의 네 아들과 딸 하나를 두었다. 월하 조운도의 아들 가옹稼翁 조거선趙居善은 아들 하나를 두었으니, 바로 학파鶴坡 조성복趙星復이다. 근도의 아들 거우는 정5품 통덕랑通德郞을 지냈는데, 역시 아들이 없어 거양居讓의 아들 치복致復을 양자로 들였다. 진도의 아들 거양은 치복致復을 출계하고 시복始復, 지복志復의 아들을 두었으며, 술도의 아들 거회居晦는 아들 단복端復을 두었다. 이들은 모두 자손들의 급제와 유림활동, 통혼 등을 통해 지역에서의 영향력을 키워 가게 된다.

옥천종가의 족보를 통해 다소 상세하게 그 출계出系와 계자系子의 상황을 살펴보았다. 출계란 자식이 없는 친족에게 양자로 가는 것을 말하며, 계자란 자식이 없는 친족의 양자로 들어가서 세계世系를 이은 자손을 말한다. 족보를 편수編修할 때 후사가 없어 대를 잇지 못할 때는 양자를 받아 세계를 이었는데, 이 경우에는 계자라고 써서 적자嫡子와 구별하면서 계자의 생부를 반드시 기록해 두었고 생가의 족보에는 출계라고 기록해 두었다. 양자를 들일 때에는 되도록 가까운 혈족 중에서 입양하였다. 한양조씨 군수공파郡守公派에 속하는 옥천 가문의 족보 역시 이러한 조선 후기 계후와 족보 기록의 전통을 잘 잇고 있다.

이상에서처럼 옥천종가는 군의 둘째 아들 옥천 조덕린을 주손으로 하는 종가이다. 조덕린의 후손들은 조덕린을 불천위로 모시고 있다. 조덕린은 1691년(숙종 17) 문과에 급제한 후 승문원 정자·세자시강원설서·홍문관교리·영남호소사·승정원우부승지 등을 역임하였다. 그가 실록에 수없이 오르내리고 가문이 오랜 세월 가화家禍를 겪게 된 것은 1725년(영조 1) 당쟁의 시폐를 규탄한 「을사십조소乙巳十條疏」 때문이었다. 이는 옥천 개인에게 화를 입혔을 뿐만 아니라 오랜 세월 동안 주실마을 한양조씨들의 과거와 정계 진출을 가로막는 제약 요인이 되었다. 이때부터 그의 후손들은 끊임없이 그의 신원을 요청하는 한편, 근기지역 남인 문인들과의 교유 및 신학문의 도입 등으로 가학 계승에 힘쓰게 된다. 옥천의 후손들은 19세기 말에 와서는 의병운동, 개화개혁운동 등 민족운동과 독립운동사에 큰 영향을 남겼다. 주실마을은 현재 5~60호의 가구가 남아 있는데, 실제 생활하고 있는 집은 45가구 정도이고 이 중 25가구가 독거노인이라고 한다. 옥천 조덕린의 묘는 안동 풍산 학가산에 위치해 있다. 한양조씨 가계도는 다음과 같다.

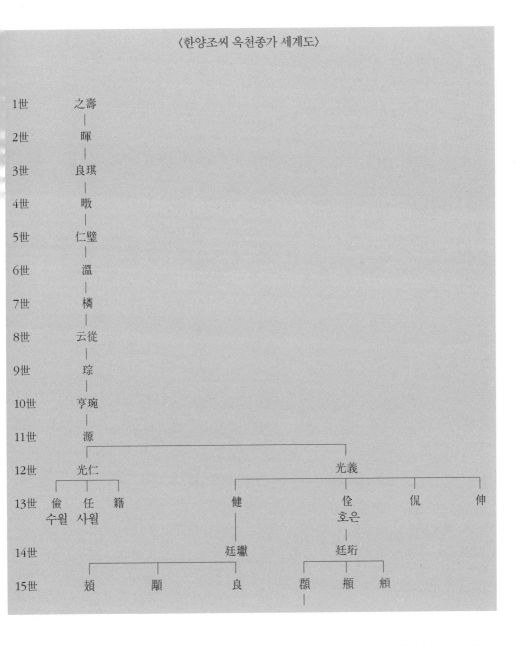

〈한양조씨 옥천종가 세계도〉

| 世 | | | | | | | |
|---|---|---|---|---|---|---|---|
| 1世 | 之壽 | | | | | | |
| 2世 | 暉 | | | | | | |
| 3世 | 良琪 | | | | | | |
| 4世 | 暾 | | | | | | |
| 5世 | 仁璧 | | | | | | |
| 6世 | 溫 | | | | | | |
| 7世 | 橚 | | | | | | |
| 8世 | 云從 | | | | | | |
| 9世 | 琮 | | | | | | |
| 10世 | 亨琬 | | | | | | |
| 11世 | 源 | | | | | | |
| 12世 | 光仁 | | | 光義 | | | |
| 13世 | 儉 任 籍 | | 健 | 佺 | 侃 | 伸 | |
| | 수월 사월 | | | 호은 | | | |
| 14世 | | 廷巘 | | 廷珩 | | | |
| 15世 | 頍 顆 良 | | 頵 㰲 頔 | | | | |

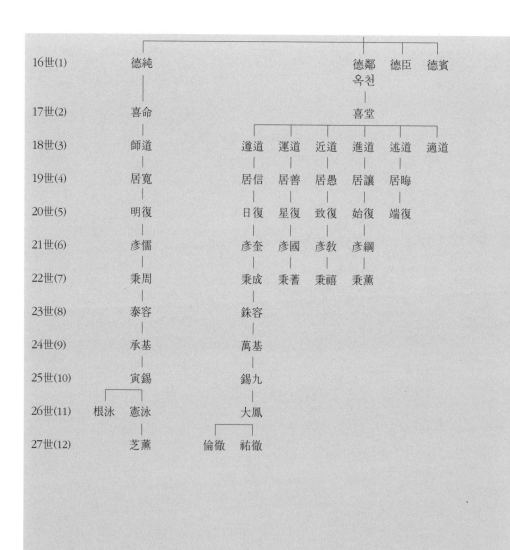

| | | | | | | | | | |
|---|---|---|---|---|---|---|---|---|---|
| 16世(1) | 德純 | | | | | | 德鄰<br>옥천 | 德臣 | 德賓 |
| 17世(2) | 喜命 | | | | | 喜堂 | | | |
| 18世(3) | 師道 | 遵道 | 運道 | 近道 | 進道 | 述道 | 適道 | | |
| 19世(4) | 居寬 | 居信 | 居善 | 居愚 | 居讓 | 居晦 | | | |
| 20世(5) | 明復 | 日復 | 星復 | 致復 | 始復 | 端復 | | | |
| 21世(6) | 彦儒 | 彦奎 | 彦國 | 彦敎 | 彦綱 | | | | |
| 22世(7) | 秉周 | 秉成 | 秉蕃 | 秉禧 | 秉薰 | | | | |
| 23世(8) | 泰容 | 銖容 | | | | | | | |
| 24世(9) | 承基 | 萬基 | | | | | | | |
| 25世(10) | 寅錫 | 錫九 | | | | | | | |
| 26世(11) | 根泳 憲泳 | 大鳳 | | | | | | | |
| 27世(12) | 芝薰 | 倫徹 祐徹 | | | | | | | |

# 제2장 옥천종가의 인물들

# 1. 지행합일의 표상, 옥천 조덕린

## 1) 「을사십조소」 사건과 옥천의 지행합일 정신

옥천 조덕린이 한결같은 뜻과 행실로 문중과 영남 사림들의 추앙을 받고 영양지역을 넘어 남인의 표상으로 추앙받게 된 데는 중요한 역사적 사건이 자리하고 있다. 그 하나는 1725년 10월에 사간원사간을 사직하면서 올린 「을사십조소」 사건이요, 다른 하나는 1728년 영남에서 일어난 정희량·이인좌의 난을 진압하기 위해 충의의병들을 모집하여 출정했던 사건이다. 전자는 죄과를 탕척蕩滌해 주기 위한 영조와 정조의 노력 및 옥천의 신원을 위한 후손들의 연이은 상소를 통해 끊임없이 조정에서 논란이 되었던 사건으로, 문중과 영남 문인들에게 미친 정신적인 영향이 적지 않다. 후자 역시 국가의 위난을 해결하기 위해 소임을 얻어 의롭게 떨쳐 일어났던 사건으로, 영남의 유림들이 창의록에 이름을 올려 그 업적을 알리고자 하였으나 역시 조정에서 끊임없이 논란이 되었다는 점에서 옥천 조덕린에 대한 영남 유림의 평가를 짐작할 수 있다. 주실마을과 영양지역뿐만 아니라 영남지역 전체를 넘어서서 유교의 가르침을 현실에서 실천해 내는 옥천의 지행합일知行合一의 정신은 세월의 흐름 속에서 더욱 그들의 마음속 깊이 새겨지는 가르침이 된 것이다.

두 사건의 내막을 좀 더 자세히 살펴보면서 옥천의 인물됨을 살펴볼 필요가 있다. 주실마을의 한양조씨들은 18세기 중엽 이후 관직에 진출하지 못하게 된다. 이는 앞서 밝혔던 「을사십조소乙巳十條疏」 사건 때문이다. 「을사십조소」 사건은 조덕린의 행적을 살펴볼 때 가장 많이 언급되는 사건이다. 당시 조덕린은 사간원사간으로서 이 글을 통해 새 임금에게 탕평의 실질적인 시행을 건의하였는데, 이 상소문으로 인해 노론들의 미움을 크게 사게 된다. 내용을 살펴보면 다음과 같다.

첫째, 성학을 밝혀 마음을 바르게 하소서.(明聖學以正心)
둘째, 실제의 덕을 닦아서 하늘에 보답하소서.(修實德以應天)
셋째, 관원의 선임을 정밀히 하여 바른 정치를 세우소서.(精選

任以立政)

넷째, 백성을 보호하여 나라의 근본을 굳건히 하소서.(保庶民
　　以固本)

다섯째, 재물을 절약하여 비용을 줄이소서.(節財用以省費)

여섯째, 군비를 충실히 하여 미리 대비하소서.(詰軍實以備豫)

일곱째, 옥사를 삼가 형벌을 잘 살피소서.(愼庶獄以恤刑)

여덟째, 기강을 떨쳐서 풍속을 다듬으소서.(振紀綱以勵俗)

아홉째, 공도를 넓혀 사사로움을 없애소서.(恢公道以減私)

열째, 명분과 실제를 바로잡아 왕도를 세우소서.(正名實以建極)


영조의 즉위 과정에서 노론의 후원이 있었기에 노론 세력은
이를 빌미로 권력을 장악하였는데, 집권 세력의 전횡을 경계하는
것은 옥천의 입장에서는 정당한 발언이었을 것이다. 하지만 이로
인해 옥천과 그 후손이 치러야 하는 대가는 혹독하기 짝이 없었다.
당시 노론들은 조덕린을 대간에서 장계하여 그는 함경북도 종성으
로 유배를 가게 된다. 나이 일흔에 유배를 가게 되었을 뿐만 아니
라, 이후 이 문제는 두고두고 노론의 공격을 받는 빌미가 되었다.
『영조실록』 을사년(1725, 영조 1) 10월 20일 기사의 상소문을 보자.

…… 대개 제왕은 천지의 무사無私한 것을 본받고 일월日月의
대명大明한 것을 넓혀서 조림照臨하여 나간다면 치우쳐서 모

두 혜택을 입지 않는 곳이 없을 것이고 부족하여 불만스러운 마음이 없게 될 것이니, 위로는 하늘에 부끄러움이 없고 아래로는 사람에게 부끄러움이 없게 되어야 진실로 백성의 부모인 원후元后가 되는 것입니다. 하나라도 사심私心이나 편념偏念을 가지거나 혹은 정의情意에 끌리는 바가 있어서 구차하게 행하게 된다면, 그 마음에서 일어나 그 정사를 해치게 되어 편당偏黨되고 반측反側하게 되니 한 가지 일도 그 정당함을 얻을 수 없게 될 것입니다.……

다만 우리 전하께서는 숙종肅宗의 친자親子이고 선왕先王의 개제介弟로서 황옥黃屋에 마음을 두지 않고 구위求位하는 데도 뜻이 없었습니다. 선왕의 첫 해에는 곧 대호大號를 정하고 적임자에게 부탁하며 돌보아서 사랑하기를 더욱 융성하게 하였는데, 그 창졸간에 승하하시던 날을 당하게 되자 우는 얼굴을 가리고 등극하여 드디어 독자적으로 정사를 청단聽斷하면서 동작과 행위가 지극히 공정하여 사사로운 노고는 상을 주지 않고 사사로운 분노에는 개의하지 않아서 지극한 인애仁愛로 미루어 나가고 대의大義로써 결단하시었으니, 천하를 보유하고도 자신은 그 지위를 즐기지 않았으므로 결점을 지적하여 비난할 수가 없는 지경에 가까웠습니다. 그러나 당고黨錮의 습관이 날로 더욱 심해져서 서로가 적대시하는 원수가 되어 무기(弋戟)로 서로 대립함에, 전하의 정치가 이미 은혜를 널리 베

『영조실록』

풀어 많은 사람을 구제하는 것을 근심하게 되었는데도 전하의 마음은 오히려 옛것을 싫어하고 새것을 좋아하는 데에 편하게 여기시니, 황천皇天도 감싸 주지 못하는 곳이 있고 일월도 비추어 주지 못하는 골짜기가 있게 되었으므로, 그것이 천지의 유감이 되는 것이 이보다 큼이 없습니다.……

탕평의 중요성을 강조하면서 영조에 대한 언급이 나오는데 주로 당시 노론에서 지적한 내용들은 여기서 나오는 표현에 대한 것들이다. 즉 "황옥에 마음을 두지 않고 구위하는 데도 뜻이 없었습니다"(非心於黃屋, 無意於求位)라거나 "그 창졸간에 승하하시던 날을 당하게 되자 우는 얼굴을 가리고 등극하여"(倉卒之日, 掩涕登阼)라는 표현, "드디어 독자적으로 정사를 청단하면서"(遂專聽斷) 등의 표현에 대해서 노론의 인물들이 들고일어나 무도한 망발이라고 하며 강력하게 비난하였다. 옥천의 사후에도 문제가 되자 정조가 주자朱子의 봉사封事에도 나오는 구절이라 해명하였으나 이때에 사용하는 말이 아니라는 관료들의 반박만 접하게 된다.

1725년 3월에 옥천은 홍문관수찬(정6품)에 임명되고 그해 5월 세자시강원필선(정4품)이 되었다가 홍문관교리(정5품) 및 수찬(정6품), 용양위부사과(종6품)를 거쳐 9월에 사간원사간(종3품)이 된다. 그런데 10월에 이르러 붕당의 논의가 횡행하는 것을 참지 못하여 상소를 올리게 됨으로써 그의 관료생활에서 가장 심각한 위기에 직면하게 된 것이다. 탕평을 강조하는 10조의 상소 내용은 당위적 언술에 해당하는 내용이었지만 노론의 입장에서는 뼈아픈 지적이 아닐 수 없었다. 특히 9조의 "공도를 넓혀 사사로움을 없애소서"(恢公道以滅私)나 10조의 "명분과 실제를 바로잡아 왕도를 세우소서"(正名實以建極) 같은 내용들이 문제가 되었다. 조선 후기 영남 남인으로서 옥천의 후손들이 겪은 시련의 씨앗은 이렇게 잉태되었던 것이다.

그렇다면 옥천玉川 조덕린趙德鄰은 어떤 사람이기에 이처럼 바른 말과 행동을 서슴지 않을 수 있었을까? 더욱 궁금해지는 대목이다. 그의 어린 시절을 돌이켜 보면 남다른 성장 과정이 눈에 띈다.

　옥천은 한양조씨 조군趙頵과 풍산류씨 세장의 딸의 아들로 1658년(효종 9) 무술 12월 1일에 일월면 주곡리에서 태어났다. 그의 나이 2세 때인 1659년 효종이 승하했다. 어릴 적부터 총기가 있었던 덕린은 1664년(현종 5) 그의 나이 7세 때 숙부 처사공 조병에게 형 덕순德純, 사촌 덕후德厚 등과 함께 수학하였다. 11세 때 『논어』 등의 책을 읽었다. 12세 때에 당시의 이름난 선비 고산孤山 이유장李惟樟이 부친 장사공 조군을 방문하여 어린 옥천의 책 읽는 성음이 낭랑함을 듣고 불러서 읽은 책의 뜻을 묻자 대답을 잘하였다. 이유장은 장사공에게 치하하기를 "이 아이가 필시 학문으로 세상에 이름을 날릴 것입니다" 하였고, 돌아와 사람들에게 말하기를 "동남의 문맥이 이 아이로부터 다시 돌아옴이 있을 것이다"라고 하며 칭찬을 아끼지 않았다고 한다. 이유장은 『주역周易』, 『춘추전春秋傳』 등에 깊은 관심을 가졌고, 특히 주자朱子와 퇴계退溪의 예설禮說을 절충하여 독자적인 이론체계를 구축한 인물이다. 옥천의 나이 13세 때 겨울에는 청량산 아래에서 공부하였고, 14세 때 가을에는 도산서원에서 수학하였다. 1672년에는 형인 덕순과 함께 어머니 류씨를 모시고 외가인 안동 하회로 가서 류운룡·류성룡 형제의 가학을 이은 선비들에게서 수학하기도 하였다.

　젊은 시절의 옥천은 어린 시절 갈고 닦은 학문적 역량을 마음껏 뽐내며 그 학문의 깊이를 더해 간다. 1676년 향시를 통과하였고, 약관 20세 때인 1677년(숙종 3)에 진사시인 사마시에 합격한 뒤 학사鶴沙 김응조金應祖의 외손인 안동 권수하權壽夏의 딸을 아내로 맞이하였다. 1678년(숙종 4)에 서울로 올라가 성균관에 유학하였는데, 이때 문장이 이미 송곡松谷 이서우李瑞雨 같은 이들에 미칠 정도였다고 한다. 1680년 23세 때 봄에 아들 희당이 태어났다. 24세 때인 1681년에는 처남 권기權愭와 함께 예천 용문사에서 『주역』을 공부하였다. 27세 때 둘째 아들 희상喜常이 태어났다. 28세 때인 1685년에는 청량산 용혈사에서 『이정전서二程全書』를 학습하였다. 다음 해인 1686년에는 형 덕순과 함께 성균관에 유학하였다. 32세 때인 1689년(숙종 15)에는 식년시인 동당책시에 합격하였으며, 스승 갈암葛庵 이현일李玄逸을 처음 만나기도 하였다. 조부인 진사공 정형廷珩의 갈문을 청하기 위해서였다. 오래 가르침을 받은 것은 아니지만 그에게 이현일은 평생의 스승이었다.

　33세 때인 1690년(숙종 16)에는 형 덕순이 문과에 장원급제하였고, 이후 1691년(숙종 17)에는 옥천도 증광 문과에 병과로 급제하였다. 이해는 셋째 아들 희상喜尙이 태어난 해이기도 하다. 1692년에는 승문원정자承文院正字를 시작으로 임시직으로 사관인 직사관을 지냈다. 다음 해인 1693년 봄에 형 덕순과 부인 안동권씨를 떠나보냈다. 이때 세자시강원설서를 지냈다. 그러다가 1694년(숙종 20) 봄에 갑술환국이 일어나자 신병을 이유로 사임하고 돌아와 주곡에 집을 짓고 학문에 전념하였다. 겨울에 예조좌 랑을 제수 받았으나 사양하고 부임하지 않았다. 이때 강필명姜必 明의 딸 강씨를 두 번째 부인으로 맞아들였는데, 이 무렵에 당시 이조판서였던 이현일李玄逸이 하향下鄕하면서 그를 영남의 숙덕宿 德으로 천거하기도 하였다. 1695년(숙종 21)에 주곡에 초당草堂을 완성하였다. 옥천은 이때 정치현실과 단절한 채 침식을 잊고 주 자의 글을 읽으며 학문에 전념하였다. 1696년(숙종 22)에 아버지 장사공 조군이 돌아가셨다.

　　가까운 이들과 흠모하는 학자들을 떠나보내면서 옥천은 그 들을 기리는 글을 남겼고 계속 학문에 대한 관심을 이어 나갔다. 1701년(숙종 27)에 옥천을 어릴 적부터 아끼던 고산 이유장이 떠났 다. 1703년(숙종 29) 봄에 「태극도설」을 읽었다. 다음 해 10월에 갈 암 이현일 선생의 부음을 듣고 슬픔을 이기지 못해 곡을 하였다. 1706년(숙종 32) 10월에 갈암선생의 제문을 지어 올렸다. 12월에 현 춘양 법전면 소천리 소라에 별서를 짓고 벼슬살이를 잊었다. 또한 홍중하洪重夏를 위해 「증호남안찰사홍공중하서贈湖南按察使 洪公重夏序」를 지어 주었다.

　　1708년(숙종 34) 봄 정월에 강원도도사에 제수되어 4월에 부 임하였다. 겨울에 다시 돌아와 학문과 강학에 열중하였다. 1709 년에는 전라도 고산현감을 제수 받았으나 사양하였고, 1711년 12월에 황해도도사로 부임하였으나 그 이듬해에 사임하고 귀향하였다. 이후 몇 차례 벼슬이 내렸으나 병을 이유로 나아가지 않았다. 1713년 4월에 안동 하회를 방문하여 외조부 사당에 참배한 뒤 병산서원에서 강론하고 돌아왔다. 1715년에는 도산서원에 글을 보내어 『퇴계집』의 오류를 지적하고, 문집의 뒤편에 정오표를 덧붙여서 간행하자고 제안하기도 했다. 1716년 6월에는 충청도 도사를 제수 받았는데, 이때 벼슬을 사양하다 부득이하게 부임하였으나 얼마 지나지 않아 고향으로 돌아왔다. 1720년(숙종 46)에 숙종이 승하하고 경종이 즉위하였으나 4년 만에 경종도 승하하였다. 이해에 두 번째 부인 강씨를 떠나보냈다.

1721년(경종 1) 4월에는 경상도관찰사의 요청에 의해 호포戶布와 구전口錢, 유포游布 및 결포結布로 세금을 징수하는 사역법四役法의 모순과 폐단을 지적하였다. 이때 세금 문제의 해결에서 절용의 문제를 통감한 옥천은 실용적인 통치의 중요성을 고민하게 된다. 이후 앞서 밝혔던 옥천의 인생에서 중요한 사건이었던 을사소 사건과 무신역난을 겪으면서 관직에 대한 미련을 벗어던지게 되었던 것으로 보인다.

1725년(영조 1) 3월에 홍문관수찬에 제수되어 사직소를 올렸으나 윤허되지 않았고, 5월에 세자시강원필선에, 6월에 홍문관교리에 제수되어 사직소를 올렸으나 윤허되지 않았다. 같은 달에 또한 홍문관부교리에 제수되었으나 사양하고 부임하지 않았다. 7월 시강원필선에 제수되었으나 재차 사양하였고, 8월에 홍문관수찬에 제수되었으나 세 차례나 사양하고 부임하지 않았다. 9월에 사간원사간에 제수되었으나 상소하였는데, 이때 10조목에 걸쳐 올린 내용이 바로 「을사십조소」이다. 이 일로 옥천은 큰 시련을 겪게 된다. 30일에 노론의 대신들이 들어와 그를 함경도 종성에 유배 보낼 것을 장계하였다. 11월에 결국 종성으로 유배를 가게 된다. 당시 노론은 우암尤庵 송시열宋時烈을 정신적 지주로 섬기고 있었는데, 기사환국 뒤의 집권 남인들에 대해 적대적인 태도를 가지고 있었던 것이다. 당시 노론은 영조가 즉위하자마자 영남 남인의 영수였던 갈암 이현일의 관작을 추탈하였다. 옥천의 시련은 이러한 정치적 환경 속에서 시작된 것이다.

옥천은 유배지에서 자신의 감회를 한시로 표현하기도 하고, 「역경의의易經疑義」, 「근사록참고近思錄參考」 등의 초고를 엮기도 하였다. 1727년(영조 3) 봄에 본가의 자제들에게 편지를 부쳐서 미년 미월 미일 미시를 취하여 사미정四未亭을 봉화 소라에 마련하도록 하였다. 7월에 대신들의 주청으로 유배에서 풀려나게 된다. 유배생활에서 풀려나게 된 것은 정미환국丁未換局으로 소론이 집권하게 되었기 때문이다. 유배지에서 돌아오는 도중 사헌부집의, 홍문관부응교, 홍문관응교, 사간원사간 등에 제수되었으나 옥천은 부임하지 않고 고향으로 갔다. 이해에 「사미당기」를 완성하였다. 1730년 가을 74세인 조덕린은 경북 봉화에 창주정사를 짓고 이곳과 사미정을 오가며 강학과 저술 활동에 몰두하였다.

그러다 1736년(영조 12)에 「을사십조소」가 재론되었고, 1737년 6월 노론 측의 대간들이 이현일을 비방하자 조정에 출사 중이던 김성탁이 상소문을 올려 이현일을 변호하였다. 이 일이 화가 되어 김성탁은 제주도로 위리안치圍籬安置되고 말았다. 조덕린 역시 제주도 유배를 명 받고 귀양 가던 중 강진에서 생을 마치게 된다. 이 일로 조덕린의 후손들은 정계 진출이 어려워지게 되었다.

## 2) 무신란 의병 참여와 영남 유림의 표상

옥천에게 관직을 내리고 또 이를 사직하는 일은 종성에서의 유배생활이 끝난 뒤에도 계속되었다. 유배지에서 돌아온 다음 해인 1728년(영조 4) 2월에 홍문관응교에 제수되었을 때 재차 사직하였으나 윤허되지 않았고, 3월에는 용양위龍驤衛 부호군副護軍에 제수되었다. 11월에 장악원정掌樂院正에 제수되었으나 부임하지 않았다. 같은 달 19일에 통정대부通政大夫로 승차되었다. 이해에 조선 후기 정치사에서 중요한 사건이라 할 수 있는 무신란戊申亂이 일어난다. 이 역난이 일어나자 경상도호소사慶尙道號召使에 제수되어 왕명을 받들고 안동부로 달려갔다. 초유문招諭文을 지어 여러 읍에 알리고 의병을 모집하여, 정랑正郎 류승현柳升鉉을 대장으로, 권만權萬을 부대장으로 삼았다. 이 사건은 이인좌李麟佐가 청주 안음현에서, 정희량鄭希良이 하도에서 반란을 일으킨 것이다. 무신년에 일어난 이 역난에 대해 1728년(영조 4) 6월 5일 옥천이 상소한 내용은 다음과 같다.

> 영남은 평소에 문헌의 고장이라 일컬어 사람들이 예의의 풍습을 이어받는데도 흉역凶逆의 무리가 그 사이에서 싹트니, 마음 아프고 머리 아파 차라리 죽고 싶습니다. 적의 입에 드러난 한두 사람은 곧 잡아와서 그 죄를 조사하여 바로잡아야 하겠습니다. 범한 것이 있는 자가 처형되고 사실이 없는 자가 억울함을 씻는다면, 공평하고 정대한 정치와 불쌍히 여기고 돌보는 도리에 해롭지 않을 것입니다.

위 상소에서는 나라의 기강을 바로잡고 윤기倫紀를 바로세우고자 하는 옥천의 강한 의지가 엿보인다. 4월 5일에 대구에 이르니 왕의 군대가 안음의 역적들을 우치산에서 감사와 더불어 평정했다는 소식을 듣고 장계를 올렸다. 이미 난이 평정된지라 의병을 해산하기는 했으나, 위기에 처한 국가를 위해 거병한 옥천의 공로가 인정되어 벼슬이 내려졌다. 이때 용양위 부호군에 제수되었으나 병을 핑계로 부임하지 않았고, 6월에 동부승지에 제수되어 두 번이나 사직소를 올렸으나 윤허되지 않았다. 6월 5일에 참찬관으로 경연에 입시하였다.

얼마 뒤 병으로 사직한 옥천이 세상사에 대한 뜻을 버리고 다시 환향하여 학문에 몰두하자 원근에서 제자들이 모여들었다. 그는 정사에서 강학하고 교유하는 학자들의 문집에 서문을 써 주는 등 학문 활동에 전념하였다. 1730년(영조 6) 가을에 창주정사滄洲精舍의 건축을 완성하였고, 겨울에는 약포藥圃 정탁鄭琢의 문집을 교열하고 서문을 찬하였다. 다음 해 가을에 셋째 동생 통덕공通德公 덕빈德賓이 세상을 떠났다. 1733년(영조 9) 봄에 창주정사에서 학생들과 강학하였고, 다음 해 5월에는 수암修巖 류진柳袗의 문집을 교정하고 서문을 찬하였다. 1735년 봄 정월에는 동락서원의 사림들과 함께 여헌 장현광의 비문을 읽었다. 그해 겨울에는 사미당을 이건하였다. 1736년(영조 12) 9월 지평 김한철이 을사소를 재론하며 무고하였는데, 김한철은 옥천의 처벌을 요구한 대표적인 인물이다. 1725년의 소와 연관되어 다시 노론의 탄핵을 받아 1737년(영조 13) 6월 16일 제주도에 위리안치되는 형을 받았다. 스승 갈암 이현일에 대한 영남 유신들의 신원상소의 배후로 지목되어 노론의 탄핵을 받은 것이다. 7월 20일에 제주도로 유배 가던 중 강진에서 타계하였으니, 이때 그의 나이 79세였다. 옥천의 사후 그의 을사소는 몇 차례에 걸쳐 소론들의 재집권을 위한 난언亂言・벽서사건壁書事件의 구실이 되기도 하였다.

이들 사건들은 모두 영남 남인에 대한 노론의 경계심이 빚어낸 사건이었다. 옥천은 1899년(고종 37) 6세손 석농石農 조병희趙秉禧의 꾸준한 노력 끝에 160여 년 만에 신원이 이루어지게 된다.

물론 정조 즉위 후 조술도와 조거신 등의 노력으로 1789년에 옥천의 관작이 복구되고 조진도의 과거급제 삭탈도 취소되기는 하지만, 정조 서거 후 1803년에 다시 옥천의 관작이 삭탈된 뒤로 19세기 내내 신원되지 못하다가 막바지에 신원된 것이다.

갈암葛庵 이현일李玄逸(1627~1704)은 옥천 및 그 가문과 각별한 관계에 있는 인물이다. 그의 자는 익승翼升, 호는 갈암葛巖·남악南嶽, 본관은 황해도 재령이다. 경당敬堂 장흥효張興孝(1564~1633)의 사위이자 문인인 이시명李時明(1590~1674)과 안동장씨 사이의 셋째 아들이다. 그는 1700년(숙종 26) 해배되어 안동의 금양錦陽에 정사精舍를 세우고 후학들을 강학하였는데, 이때 제자들이 크게 늘어난다.

> 선생이 조정에 나아가서는 이미 당세에 뜻을 펴지 못하게 되어 학문이 끊어지고 상실됨을 자신의 큰 근심으로 여겼으며, 물러나서는 한두 동지들과 유경遺經을 토론하고 고금을 상론하여 고인들의 주장의 잘잘못을 변론하고 이단의 그릇됨을 물리쳤으니 혹시 우환이나 노병이 있더라도 폐하는 일이 없었다. 이에 사방의 학자들이 문하에 넘쳤는데, 선생은 그 자질의 고하에 맞게 기꺼이 가르쳐 주었다.

그 제자들을 기록한 『금양급문록錦陽及門錄』에는 341명의 문인이 수록되어 있다. 갈암 문인은 영남을 비롯하여 근기, 충청,

영서, 호남, 관서 등 전국에 걸쳐 광범위하게 분포되어 있다. 그 중 한양조씨가 8명 정도 나온다. 그의 문집인 『갈암집葛庵集』의 부록 권5를 보면 많은 제문이 실려 있는데, 그중 옥천 조덕린이 올린 제문을 보면 스승을 향한 옥천의 의식이 잘 나타나 있다.

| | |
|---|---|
| 선생께서는 | 惟先生 |
| 학문으로 유종이 되셨고 | 學爲儒宗 |
| 출사하여 세상에 이름나셨습니다. | 出爲名世 |
| 경서에 뜻을 두어 | 抱負墳典 |
| 묘계를 깊이 생각하였으니 | 覃思妙契 |
| 넓고도 요약된 것은 | 旣博旣約 |
| 그 문과 그 예였습니다. | 其文其禮 |
| 산속 안개 속에 숨어서 문채를 더하고 | 山隱霧斑 |
| 구고九皐의 울음소리 하늘에까지 들리니 | 天聞皐唳 |
| 초빙하는 행차가 성대하게 이르러 | 弓旌鼎來 |
| 수령이 비를 들고 인도하였습니다. | 侯伯擁篲 |
| 이조와 사헌부에 임명하면서 | 郎署柏府 |
| 품계와 전례를 따르지 않으니 | 不循階例 |
| 번연히 생각을 바꾸어 | 幡然而改 |
| 성대聖代를 맞아 벼슬길에 나서셨습니다. | 起當盛際 |
| 직언하되 남을 헐뜯지 않았고 | 直不爲訐 |

| 청렴하되 각박하지 않았는데 | 廉而不劌 |
|---|---|
| 시대가 상서롭지 못함이 | 時之不祥 |
| 어찌 그리도 어긋났단 말입니까. | 胡爲其戾 |
| 나라의 개가 미쳐 | 國狗之瘈 |
| 물리지 않은 사람이 없었으니 | 靡人不噬 |
| 표연히 홀로 떠나가서 | 飄然獨往 |
| 속세의 더러움을 벗어버렸습니다. | 濁穢蟬蛻 |
| 내 옷의 화려함은 | 我衣之華 |
| 난초 패물과 갈대 옷이 전부지만 | 蘭佩荷製 |
| 내 책을 내가 읽고 | 我讀我書 |
| 내 채소를 내가 가꾸었습니다. | 我耕我藝 |
| 궁함에 처해도 지조를 굳게 지키는 것을 | 旣窮且堅 |
| 늙을수록 더 힘쓰셨습니다. | 愈老彌勵 |
| 간곡한 마음으로 한 통의 상소를 | 一疏惓惓 |
| 성상의 앞에 몰래 바쳤습니다. | 暗投天陛 |
| 한 조각 정성이 끝내 막히니 | 孤誠竟窒 |
| 운명은 따로 정해져 있다고 여겨 | 吾命有制 |
| 선왕을 노래하면서 | 歌詠先王 |
| 영원히 잊지 않기로 맹세하였습니다. | 弗諼以誓 |

갈암의 학문에 대한 마음 깊은 존경과 함께 사심 없는 관직

생활에 대해서도 찬사를 아끼지 않고 있다. 특히 "직언하되 남을 헐뜯지 않았고 청렴하되 각박하지 않았는데, 시대가 상서롭지 못함이 어찌 그리도 어긋났단 말입니까?"라는 표현 속에서는 선비로서 절제의 미덕을 발휘하면서도 사회적 역할에 소홀하지 않았던 갈암의 삶을 인정하는 가운데 그를 논핵論劾한 정치현실을 신랄하게 비판하고 있다.

조덕린은 유학자이면서 관료로서 덕망이 높았다. 그가 대의와 지족의 표상으로서 영남 선비들의 존경을 한 몸에 받은 사실은 주실마을 한양조씨의 역사에서 중요한 의미를 갖는다. 부인 안동권씨와의 사이에 3남 1녀를 두었고, 이후 그의 손자 월하月下 조운도趙運道, 마암磨巖 조진도趙進道, 만곡晚谷 조술도趙述道 형제를 비롯하여 반듯한 선비들이 대대로 배출됨으로써 옥천 문중은 영남 유림들 사이에서 명망이 높았다.

1737년 10월 안동 풍산면 신양리에 조덕린을 장사지냈다. 1788년 이상정이 행장을 짓고 번암 채제공이 묘갈명을 찬술하였다. 1899년 6세손 조병희의 노력으로 복관復官되었다. 저서는 손자 조운도와 조술도가 수습해 놓은『옥천유고』필사본 23권 13책과 후학 및 후손들이 1898년 사미정에서 목판으로 간행한『옥천집』18권 9책,『옥천부군유집』6책,『선조유고先祖遺稿』1책,『관동록關東錄』1책,『창주잡영滄洲雜詠』1책 등이 전한다. 이후『옥천선생연보』가 석판본으로 간행되었다.

# 2. 옥천의 후손들

## 1) 조희당과 조술도

영남의 양반 가문은 1694년 갑술환국甲戌換局 이후 중앙정계 진출이 막히게 되는데, 영남 남인의 중심 역할을 하던 조덕린 역시 갈암 이현일과 더불어 오랜 기간 복권이 이루어지지 않는다. 옥천의 후손들의 삶은 바로 이러한 선조 옥천의 신원을 위한 끊임없는 노력의 도정이었으며, 이 과정에서 번암 채제공, 이가환, 정약용 등 근기지역 남인들과의 교유를 통해 실학에 대한 이해를 넓혀가기도 하였다. 자그마치 160여 년에 이르는 시간 동안 옥천의 후손들은 조상의 신원과 복권을 위해 끊임없이 노력하였고,

1899년 개화기에 와서야 옥천에 대한 신원이 이루어졌다. 개화기에 들어 그 후손들이 보여 준 의병운동과 독립운동에서의 활약상은 옥천의 정신이 후손들에게 면면히 이어지고 있음을 확인시켜 준다. 현재는 한양조씨 시조로부터 따지면 27대손에 이르고 옥천종가로부터 따지면 11대손에 이르기까지 그 혈통이 내려오고 있다. 여기서는 그 대표적인 인물들의 삶과 행적을 중심으로 옥천 가문의 정신적 지향을 살펴보고자 한다.

먼저 옥천의 아들 조희당趙喜堂(1680~1755)을 보자. 그의 본관은 한양漢陽이다. 자는 백구伯構, 호는 초당草堂으로, 주실마을에서 태어났다. 아내는 장수황씨長水黃氏로, 종만鐘萬의 딸이다. 『영양군지』에 기록된 희당에 얽힌 이야기를 보면, 성격이 온화하고 몸가짐이 단정하며 사리에 밝고 학문에 일찍이 눈을 떴다고 한다. 어려서부터 효성이 극진하여, 모친 강씨가 병으로 누워 배를 먹고 싶어하자 배나무 밑으로 돌아다니며 배를 얻고자 했으나 구하지 못하였는데, 우연히 연잎 속에 배가 있는 것을 모친에게 드렸다 한다. 또 모친이 천연두로 산촌에 피병避病하던 어느 날 밤에 그가 약을 구하러 외출한즉 중도에서 큰 범을 만났으나, 그가 조금도 겁내지 않고 큰 범을 어루만지니 큰 범 역시 순순히 산으로 돌아갔다 한다. 모친이 이르기를, 내 병이 위중하나 너를 보니 자연히 통증을 잊겠다 하였다. 그는 만년에 거주하는 집 동편에 초당을 짓고 여러 아우와 함께 기거하면서 독서와 사색을 부지런히 하였다. 평생토록 학문을 연구하고 조상의 유고를 정리하며 심신을 수양하였다. 희상喜常과 희상喜尙의 두 동생과 아들 여섯을 두었는데, 이들에 의해 옥천종가의 가학이 더욱 성숙되어 영남 남인의 문흥文興에도 영향을 미쳤다. 옥천의 문집과 비슷한 시기에 옥천의 아들들의 문집도 나란히 간행되었는데, 『초당세고』에 『옥천선생문집』 다음으로 실려 있어 옥천과 함께 가문의 학문과 정신세계를 대표함을 알 수 있다.

희당의 여섯 아들 중 주목을 요하는 인물은 다섯째인 조술도趙述道(1729~1803)이다. 그의 자는 성소聖紹, 호는 만곡晩谷이다. 9세 때 조부의 정치적 피화被禍를 지켜보면서 어린 나이 때부터 학문에만 뜻을 두고 강학에 전념하였다. 조희당은 부친인 조덕린이 사망하자 '초당草堂'에서 아들과 조카들의 공부에 온 정성을 기울이면서 후손들에게 선행을 행하고 악과 폐단을 좇지 말라고 신신당부하였는데, 조술도는 이러한 아버지의 영향을 받아서 어릴 때부터 총명하고 공부를 즐겨하였다. 17~8세 때에 이미 『춘추좌씨전春秋左氏傳』, 『국어國語』, 『사기史記』, 『한서漢書』 같은 사서와 한유韓愈, 유종원柳宗元, 구양수歐陽脩, 소식蘇軾 등 당송 8대가의 문장에 두루 통하여 막힘이 없었다. 청량산에서는 한 달 동안 『상서尙書』를 천 번이나 읽을 정도로 잠을 아끼고 밥맛을 잊은 채 열심히 공부하였다. 청량산에서의 독서는 조술도가 퇴계 학통에 속하게 되는 직접적인 계기를 마련해 주었다. 젊은 나이로 고장의 학도들에게 강학할 때 퇴계의 『성학십도聖學十圖』를 조목에 따라 논변하니 원로 스승과 여러 선비들이 탄복하고 장차 영남의 큰선비가 되리라고 기대했다고 한다. 인격적으로 훌륭했을 뿐 아니라 학문적 깊이와 문예적 능력에서도 영남지역 선비들의 흠모의 대상이 되었던 것이다.

1735년(영조 11) 증광별시增廣別試 때에는 어전에 나아가 강의하기도 하였다. 조술도의 형 조진도는 문과에 급제하였으나 조덕린의 손자라는 이유로 문과급제가 취소되었다. 조부가 당쟁에 희생되고 형마저 과거급제가 취소되는 것을 본 조술도는 과거를 단념하고 오직 학문에만 전념하였다. 조술도는 1765년 이상정李象靖의 제자가 되었고, 이때 김낙행金樂行에게서도 수학하였다. 이상정은 조술도를 학식이 높은 선비, 견문이 넓은 선비로 제자들에게 소개하였다. 조술도는 이상정 문하인 이종수李宗洙, 김종덕金宗德, 류장원柳長源, 정종로鄭宗魯와 학문적 교류를 많이 하였다. 영남 학맥의 큰 흐름이 퇴계 이황 → 학봉 김성일 → 갈암 이현일 → 대산 이상정 등으로 계승된다고 할 때, 조술도는 이상정의 학문을 19세기로 연결시켜 주는 가교 역할을 했다고 할 수 있다.

한편 조술도는 조부 조덕린의 신원을 위해 서울 출입을 자주 했는데, 이때 남인의 영수 채제공과 자주 교류하는 등 근기지역의 남인 실학자들과 많은 교류를 가졌다. 채제공은 조술도의 편지가 오면 자제들에게 "이 노인의 글은 퇴계 문하 여러 선배들의 기풍이 완연히 담겨 있으니 잘 간수하고 절대 잃어버리지 않도록 하라"라고 당부했다고 한다. 또한 조술도는 리기심성론理氣心性論에 관심을 가졌는데, 리수理數의 근원을 탐구하고 인심人心의 위태로움과 도심道心의 은미함의 기미를 생각하여 평범한 말과 일상적인 행실에서 증험하려고 하였다. 또 18세기 말에는 영남에서도 천주학을 접하게 되었는데, 천주학의 위험성을 감지한 조술도는 천주학을 비판하는「운교문답雲橋問答」을 지어 유교·불교·도교 등의 사상과 학설에 비교하였다.

옥천종가의 가학은 18세기 말 월록서당月麓書堂의 건립과 함께 본격적으로 이루어졌다. 조술도는 1762년 월록서당을 형제들과 함께 창건하여 강학의 공간으로 삼았다. 월록서당에서는「월록서당학규」를 마련하였는데, 조술도는「백록동규」에 몇 조항의세목을 덧붙이는 등 한양조씨의 독자적인 교육 지침을 마련하였다. 뿐만 아니라 월록서당의 강의 방법을 정하여 학생들에게 과거시험 준비에 도움이 되는 과문科文 및 잡문雜文도 학습하게 하였다. 그리고 여러 유생들과 함께 향약을 지어 미풍양속을 가꾸어 이웃마을과 고장 사람들에게 좋은 영향을 끼치기도 하였다.

조술도는 또한 조선의 명승지에 깊은 관심을 가지고 평소 '와유臥遊'를 즐겼다. 와유란 직접 가서 보는 대신 누워서 그림을 보거나 글을 읽으면서 즐기는, 몸은 가지 않더라도 정신이 찾아가서 노니는 것으로, 조선 후기 사대부들의 유람과 탐승의 욕구가 얼마나 대단했는지를 보여 주는 문화이다. 이 말은 지금으로 부터 1천 6백여 년 전, 중국 남북조시대 송나라의 화가인 종병宗炳(375~433)이 늙어서 병이 들어 밖으로 나가지 못하게 되자 젊은 시절 전국의 명산을 유람하며 본 산수를 그려서 벽에다 걸어 놓고 보고 즐겼다는 일화에서 비롯되었다. 조술도가 그의 문집 '잡저' 항목에 『동유록東遊錄』과 『남유록南遊錄』을 싣게 된 것은 자신이 평소 집안에 내려오는 『관동록關東錄』을 보고 와유를 즐겼듯이 그 또한 자신의 체험을 남겨 다른 이들의 와유를 돕고자 하는 뜻이 있었다. 특히 『동유록』은 1768년(영조 44) 가을 9월에 조술도가 평소 가승의 『관동록』을 통해 와유로만 즐겨 오던 관동팔경을 직접 유람하며 수려한 강산과 풍물을 탐승한 경험을 시와 산문으로 엮은 것이다.

가학의 계승에 일생을 바치고 옥천의 신원을 위해서도 평생 노력한 그의 삶은 가문에서 옥천과는 또 다른 의미에서 근대 개화의 씨앗으로 이어지는 밑거름이 되었다. 옥천의 후손들은 그의 신원을 요청하기 위해 힘썼는데, 1738년 이후 영조가 이들의 청을 들어주기 위해 몇 차례 노력했지만 노론의 반대에 부딪혀 뜻을 이루지 못했다. 그러다가 정조가 즉위한 이후인 1780년대부터 조술도는 조카 조거신과 함께 조부 조덕린의 신원을 요청하기 위해 서울 출입을 자주 하였다. 1788년 정조는 무신란이 일어난 지 60년이 되는 해를 기점으로 당시 의병을 일으켜 반란군을 진압하는 데 공을 세운 인물들을 표창하면서 조덕린의 관직 복구 교지를 내렸다. 아울러 취소되었던 조진도의 과거급제도 회복되었고, 이후 남인의 핵심 관료였던 채제공으로부터 조덕린의 묘갈명을 받았다. 그러나 1800년 정조가 죽으면서 다시 한 번 위기가 찾아왔다. 노론이 재집권하면서 1802년에 조부 조덕린의 관직이 다시 삭탈된 것이다.

조술도는 일찍이 과거를 포기한 이후 조상의 신원과 가학의 계승에 노력하며 평생을 보냈으며 일생 동안 유학의 가르침에 충실했다. 그는 경세론에도 조예가 깊어, 영양현감을 대신해서 9조항의 『권농책勸農策』을 지었다. 대표적인 저서로는 『만곡문집』 17권 9책과 『만곡유고습유晚谷遺稿拾遺』 필사본 1책, 『유석명분변儒釋名分辨』, 『운교문답』 등이 있다.

만년인 1802년에 조술도는 일월면 원당리의 선유굴仙遊窟 위에 강정江亭을 지었는데, 미운당媚雲堂이라 하였다. 19세기 초에 제자들의 권유와 도움으로 주실마을 부용봉 자락으로 이를 이건하면서 개명한 것이 만곡정사晚谷精舍이다. '뒤늦게야 견문하고 옹졸하게 도를 닦았다'라는 뜻인바, 이로부터 만곡晚谷이라 스스로 호를 지었다. 조술도와 교유가 깊었던 채제공이 1797년 78세의 노구를 이끌고 주실을 방문하여 친필로 '만곡정사'라는 편액을 써 주었다. 현판 가운데 사미정, 마암재, 만곡정사는 모두 채제공의 친필이다. 만년에 도산서원장陶山書院長을 역임하였고, 호

문육군자湖門六君子로 칭송되었다.

## 2) 그 밖의 후손들

　　다음으로 살펴볼 후손은 둘째 조운도趙運道(1718~1796)이다. 그의 자는 성제聖際이고 호는 월하月下이다. 영양 일월산 아래 살았다고 하여 호를 '월하'라 하였다. 그는 어려서부터 총명하여 글을 빨리 익혔고 문학적 소양이 뛰어난 편이었다. 경제에 해박하여 20세 때인 1737년 나라에 만언萬言의 경제책經濟策을 지어 소청하기도 하였다. 같은 해에 조부 조덕린이 제주도로 유배되자, 그는 부친과 함께 동행하며 조부를 곁에서 시종일관 주야로 보살폈다. 그러나 끝까지 모시지 못하고 중간에 발길을 돌려야 했는데, 조부는 제주로 가는 도중 강진에서 세상을 떠났다. 35세에 어머니가 돌아가시고 3년 뒤에 아버지가 잇달아 세상을 떠난다. 42세 때 셋째 아우 조진도趙進道가 과거에 급제했다가 이듬해인 1760년에 삭과削科를 당하게 된다. 조부의 억울한 죽음과 아우의 삭과를 지켜보면서 월하는 세상일을 끊고 향리에서 문중의 자제들을 교육하는 데에 전념하게 된다.

　　1765년에는 그가 주창하여 월록서당을 창립하고 다른 유지들과 함께 후진 양성에 힘썼다. 월록서당 창건의 경위는 「월록서당상량문月麓書堂上樑文」에 잘 나타나 있다. 1784년, 나라에 큰 경사가 있어 은전을 베푼다는 명이 있자 월하는 자질子姪들에게 조부의 억울한 사정을 호소하게 하였다. 1788년에 정조는 조덕린의 관작을 회복시켜 주고, 삭과당한 조진도의 홍패紅牌도 돌려주었다. 그러나 조진도는 이해에 세상을 떠나고 만다. 1789년에 영양현감 박도상朴道翔의 부탁으로 읍지邑誌의 개수를 담당하였다. 그는 근 백 권의 책을 베껴서 자손들에게 전해 주기도 하였다. 1792년에 주위 사람들이 별시에 응할 것을 권하자 월하는 "치사致仕할 나이에 어찌 시험에 응해 벼슬을 구하겠는가?"라고 사양하며 끝내 벼슬에 나아가지 않았다. 그의 시문집은 1898년 현손 조병희 등에 의해 『월하집』 3권 1책으로 간행되었다.

넷째 조진도趙進道(1724~1788)는 자가 성여聖興, 호는 마암磨巖이다. 그는 어려서 비범하여 장부의 기상이 있었다고 한다. 부친의 엄격한 훈도 아래 시서사자詩書四子를 배웠다. 일찍이 이광정李光庭을 만나 문의를 강론하였는데, 이때 이광정은 그의 해박한 견해에 경탄하였다. 주경야독하여 1759년에 증광별시에 뽑히고 복시에서 병과에 급제하였다. 그 후 전시에 선발되어 응시하니 음독音讀이 유창하여 전강殿講에 뽑혔다. 그러나 이듬해에 지평持平 이윤욱李允旭이 조정에 상서上書하여 "조모趙某는 조덕린의 손자이니, 조부가 죄적罪籍에 있는데 어찌 과거급제를 지나치게 탐하겠습니까"라고 주청하였다. 당시 노론의 김상로金尙魯·홍계희洪啓禧 등이 다시 영조에게 건의하여 끝내 과거급제를 취소당하게 하였는데, 이는 조선시대에 처음 있는 일이었다. 문과에 급제하여 가학을 발전시키고 가문을 일으킬 인물로 기대를 모았지만 옥천의 손자라는 이유로 과거합격이 취소되고 환로에 진출할 길이 차단된 셈이다. 이후 그는 산촌에 은거하여 세상의 영욕에 관심을 두지 않았다. 이러한 마음을 그는 시를 통해 표현하였다.

분수 밖의 과명으로 거짓으로 사람을 얻고 分外科名欺得人
공연히 제 한 몸 위해 세상을 어지럽혔네. 無端身計誤風塵
이제 홍패가 조천으로 떠났으니 如今紅紙朝天去
예전처럼 산중에서 흙을 치는 백성이로세. 依舊山中擊壤民
「자서自叙(庚辰)」

이처럼 마음을 비우고 산전에 은거하며 지내다가, 1778년에 선정인 사미정四未亭으로 옮겨 지내면서 독서하고 시를 읊으면서 유유자적하였다. 하지만 그는 비록 세상에 뜻을 두지는 않더라도 조부의 신원을 위해서는 갖은 노력을 아끼지 않았다. 그가 세상을 떠나던 해에 조부의 관작이 복구되고 조진도의 삭과 역시 복과되어 명예가 회복되었다. 그의 시문집은 1898년 현손 조병희 등이 편집하여 『마암문집』 3권 1책으로 간행하였다.

옥천의 증손들 역시 조술도를 중심으로 유지되어 온 18세기 한양조씨 집안의 가학을 계속 이어 나갔다. 먼저 『초당세고』에도 수록된 조거신趙居信(1749~1826)이 있다. 그의 자는 충언忠彦, 호는 매오梅塢이다. 원래 조진도의 아들로 태어났으나 백부인 조준도趙遵道에게 입양되었다. 그는 생부와 숙부 조술도에게 학문을 배웠다. 1777년 정조가 즉위하여 그의 문장을 보고 가상히 여겨 응제應製로 등용하였다. 다음 조거선趙居善(1738~1807)의 자는 유성幼性, 호는 가옹稼翁이다. 조운도의 독자이다. 1780년에 진사시에 합격하였고, 1788년 서울에 장기 체류하면서 선조 조덕린의 신원을 위해 노력하였다. 다음 조거남趙居南(1789~1848)의 자는 경일景逸, 호는 고은古隱이다. 조진도의 아들로 태어났다. 그는 어려서 신동으로 불릴 정도로 시문에 빼어났고, 정약용의 문하에 들어가 수학했다.

5세손들 역시 가학의 전통을 지속해서 이어갔는데, 그 가운데 학파鶴坡 조성복趙星復(1772~1830)이 중요한 역할을 하였다. 물론 봉사손은 조거신의 아들 조일복趙日復(1775~1811), 손자 조언규趙彦奎(1799~1837), 증손 조병성趙秉成(1830~1850), 고손 조수용趙銖容(1856~1910), 5세손 조만기趙萬基(1881~1912), 6세손 조석구趙錫九(1899~1947)에게로 이어졌다. 하지만 가학의 정신을 계승하는 후손으로서 학파의 역할은 각별했다고 할 수 있다. 조거선의 아들인 학파는 일찍이 조술도와 정종로에게 사사하였으나, 과거에는 나가지 않고 경학에 진력했으며 문장에 더욱 매진하여 학덕을 고루 갖춘 선비였다. 정종로가 조술도의 학문을 조성복이 잇고 있음을 언급한 바 있다. 만년에 일월면 섬촌리에 학파정鶴坡亭을 건립하여 유유자적하였으며, 유집 10여 권이 있다.

한편, 위의 후손들 중 조만기는 1911년 외사촌 이상용과 함께 만주에서 독립운동을 하였고, 조만기의 아들 석구는 같은 해 만주 신흥강습소 1기에 입학하여 부친을 이어 독립운동에 참여하였다. 이렇게 20세기로 넘어 오면서 옥천의 후손들은 국내에서 개화운동을 이끌거나 국외에서 독립운동을 견인하면서 자신의 배움을 몸소 헌신과 애국으로 실천하고 있었다. 일찍이 옥천이 영남지방의 의병항쟁을 주도했던 것처럼 20세기에도 주실마을은 독립을 위한 의병항쟁의 산실 역할을 했던 것이다.

이러한 애국적 후손 중에 주목할 인물은 조병희趙秉禧(1855~1917)이다. 그의 자는 자정子鼎이고 호는 석농石農이며, 조언교趙彦敎의 아들이다. 그는 6대조인 조덕린의 원통하고 부끄러운 일을 씻어 버리려는 상소를 올려 1899년(고종 36)에 마침내 신원을 이루게 되었다. 이 일로 그는 장릉참봉章陵參奉에 특별히 제수되었으나 국운이 불행하여 1910년 합병 이후 귀향하고 말았다. 조병희는 19세기 후반 청년 유학자로서 대외활동을 열심히 펼쳤는데, 그로 인해 주실마을은 일찍이 근대화가 진행되었다. 1896년 조승기를 의병장으로 추대한 영양의병진이 결성되자 그곳에 가담하였는데, 이때까지만 해도 전형적인 보수주의적 위정척사사상가였다. 그러다가 1899년 영남 유생들이 사도세자에 대한 전례

문제로 상소하기 위해 상경하게 되면서부터 개화사상가로 변신하였다. 이때 조병희는 「장조황제전례소莊祖皇帝典禮疏」라는 상소문을 직접 지어 영남 유생들의 상소운동에 함께하였다. 영남 유생들의 건의가 받아들여지자 그는 다시 가문의 오랜 숙원이던 조덕린의 신원을 호소하였다. 얼마 지나 그의 호소가 받아들여지고, 벼슬을 하사하라는 특명을 받아 이때부터 문중의 정계 진출이 가능하게 되었다.

조병희는 1899년 상경하여 정통 유학자뿐만 아니라 선진문물을 수용하고 개화사상을 선도하고 있는 신지식인들과도 교유하였다. 원래부터 정재 류치명의 제자 서산西山 김흥락金興洛, 이재頤齋 권연하權璉夏 등 안동지방의 퇴계학맥에 속하는 사람들과 교유가 있었지만, 서울에 상경한 이후로는 장지연張志淵, 신채호申采浩, 이상룡李相龍 등과도 교류하였다. 특히 그는 장지연과 신채호를 통해 개화의 필요성을 인식하게 되었다. 이렇게 여러 개화 지식인과의 만남을 통해 그는 청조 말의 대학자 양계초의 『음빙실문집飮氷室文集』을 접하게 된다. 당시 개혁적인 민족운동가들은 자강혁신을 통한 부국강병의 방략을 사회진화론에서 찾으려는 경향이 있었다. 이러한 사회진화론이 우리나라에 소개된 것은 『음빙실문집』을 통해서였다. 당시 『음빙실문집』은 한국의 유학자들이 개명지식인으로 전환하는 데 큰 영향을 미쳤다. 안동의 류인식, 이상룡 등이 사상적 전환을 하게 된 것도 『음빙실문

『음빙실문집』 표지　　　　　　　　　　　『음빙실문집』 해제

집』을 접하면서였는데, 조병희 역시 마찬가지였다. 이 책을 계기로 조병희는 성균관에서 단발을 결행하고 개화지식인으로 변모하게 되었다. 또한 이로 인해 주실마을은 인근 지역보다 이른 시기에 개화가 시작되었다고 할 수 있다. 조선 후기에 실학자 정약용, 정학연, 이가환 등과의 교류를 통해 마련된 새로운 학문적 분위기는 석농 조병희 대에 이르러 본격적인 개화운동으로 발전하고 있었던 것이다.

조병희는 상경하면서 조덕린의 신원문제를 해결하는 데 큰 공을 세웠지만, 단발을 행한 그의 모습을 마을 사람들은 쉽게 받아들이지 못했다. 그래서 그는 집안사람들과 마을 사람들을 어떻게 이해시킬 것인가 깊은 고민에 빠졌다. 그는 집안에 개화사상을 전파하기 위해 조창용趙昌容, 조술용趙述容, 조종기趙鍾基, 조인석趙寅錫, 조두석趙斗錫 등을 대동하여 서울에서 추진하고 있는 개화혁신운동에 동참하도록 하였고, 이를 통해 주실마을에 개화사상을 심고자 노력하였다.

조병희는 조덕순의 9대손 남주南洲 조승기趙承基(1836~1913)의 아들 인석寅錫을 대동하고 다시 상경하였는데, 내은乃隱 조인석趙寅錫(1879~1950)도 이때 단발을 하고 개화운동에 참여하였다. 인석은 조승기의 맏아들로서 구한말 사헌부대간을 지낸 유학자였으나, 고향으로 돌아와서 월록서당에 근대식 교육을 위한 영진의숙英進義塾을 설치하여 신학문 서적을 구입하고 강사를 초빙하는 등 개화운동에 힘썼다. 또한, 그는 교풍회矯風會를 조직하여 허례와 폐속을 교정하고, 폐스러운 옛것을 새롭게 쇄신하는 데 힘썼다. 그리하여 당시에 일월면 주곡리는 전국 제일의 문화론(개화론) 마을로 널리 알려졌다. 그는 보수적인 마을을 개화로 이끌고 남녀차별 없는 평등을 교육에서 실천하였다. 문중 단위 일가친척들이 대부분이었으나, 이들이 변화된 세계와 새로운 문화를 수용할 기반을 마련하는 일을 앞장서서 실천하였다.

조인석은 또한 개화운동과 의병운동에도 적극적으로 참여하였다. 근대적 학교인 영흥학교를 설립하였고, 마을 소년들을 위한 『초경독본初經讀本』과 소녀들을 위한 『소녀필지少女必知』를 간행하여 남녀계몽에 힘썼으며, 농촌사회의 계몽을 위한 『농촌 요람農村要覽』 등의 책자도 남겼다. 그는 민족주의에 투철하여 1940년 일제 말기의 창씨개명정책에 완강히 반대하여 주실마을 전체가 거부하는 것을 주도하였고 본인도 끝내 창씨하지 않았 다. 한학자이면서도 저술과 서찰에 국한문 혼용을 실시하고 권 장하였으며, 이중과세의 철폐를 주장하였다. 1950년 한국전쟁 당시 인륜의 무너짐을 개탄하며 자결하였다.

석농 조병희의 조카 창용昌鏞은 1905년 10월에 황성국민교 육회 내 사립사범학교에 입학하였다. 그는 다음 해에 졸업하여 일성학교(경기 광주), 협성학교(대구) 등지의 교사를 지내고 황성신 문 등에서 활동하다가 원산에서 장지연을 만나 블라디보스토크 의 한국인 개화운동에 참여하였다. 이후 상해임정에 가담해서 자금모집책으로 귀국하였다가 체포되어 3년간의 옥고를 치르기 도 하였다.

조병희는 마을에서 최초로 단발을 시행한 사람으로, 문명개 화를 통해 사회의 근대화를 꾀한 중요한 인물이다. 아울러 집안 의 오랜 숙원이었던 조덕린의 신원 해결에 중요한 역할을 한 인 물이다. 앞에서 보았듯이, 그의 개화운동은 조씨 일문에 커다란 영향을 미쳤다. 1910년에 이르러서는 마을에 근대화의 움직임이 보이기 시작했다. 보수적이고 유학적 전통이 강하게 남아 있는

지역사회로서는 급진적이면서 선진적인 변화를 맞게 된 것이다.

조병희는 나라가 일본에 강점되자 집안의 후손들인 만기萬基, 하기夏基, 호기鎬基, 석구錫九, 범용範容, 택용澤容, 유기裕基 등과 더불어 만주로 이주하여 독립운동을 계획하였다. 조씨가의 만주 이주는 1910년대 이후 본격화되었고, 국내에 남아 있던 조씨 가문의 사람들은 월록서당을 중심으로 신학문을 통해 개화개혁운동을 실시하였다. 조병희의 유집인 『석농유고石農遺稿』에는 고향을 떠나 개화혁신운동을 해야만 했던 그의 고뇌가 잘 나타나 있다. 또한 시문집인 『일엽구화一葉舊話』가 있는데, 권1~2의 시는 김립金笠(김삿갓)의 시와 비슷하다는 세평이 있을 정도로 풍자와 해학에 뛰어나다. 특히 권3의 서書에는 한말의 주요 인물인 김흥락金興洛, 민영환閔泳煥, 장지연 등에게 보낸 편지글이 있다. 한말 당시의 시대상황을 엿볼 수 있는 좋은 자료이다.

옥천의 10대손 조대봉趙大鳳(1934~1992)은 자가 봉수鳳洙로, 조석구趙錫九의 아들이며 교육학 박사 학위를 받고 영남대 교수를 지냈다. 현 종손 조우철趙祐徹(1967~)은 조대봉의 아들로 옥천의 11대손인데, 현재 국내 기업 인사임원으로 재직 중이며 슬하에 2남을 두고 있다.

이상에서처럼 주실마을은 유학의 전통을 가학으로 계승하고 있을 뿐 아니라 변화하는 시대에 능동적으로 대응하면서 신학문의 수용과 근대화의 추진에도 적극적이었다. 전국에서 마을

단위로는 가장 많은 박사와 해외유학생을 배출한 곳이기도 하다. 대학교수가 14명, 교장이 19명에 이르고, 박사학위자는 예비학위자를 합치면 거의 한 집에 1명꼴이라고 한다. 1875년에서 1920년대 사이에 출생한 주실 출신 청년들 가운데 해방 이전까지 중등교육을 받은 사람이 51명이고, 이 가운데 8명이 일본에서 유학했다고 한다. 학교교육을 받은 학생의 15% 가량이 일본유학을 간 셈이니 숫자도 대단할 뿐더러 경제적 토대 또한 만만치 않았음을 알 수 있는데, 여기에는 일정한 배경이 있다. 즉 주실마을의 구성원들이 영남 남인의 후예로서 관직에는 거의 진출하지 못했지만 일정한 학문적 풍토가 형성되어 있었기 때문이다. 따라서 자식들에 대한 교육의지가 남달랐으며, 때문에 나름대로 물적 기반을 닦는 데도 힘을 썼던 것으로 생각된다.

한편, 개혁적 인물의 후손이라는 정신적 배경 때문인지 몰라도 영양 주실마을은 1910년에 종부의 개가를 허용하였고 1911년에는 노비를 해방하였다. 1920년대에는 처음으로 음력설 대신 양력설을 쇠기로 결정하기도 하였다. 이러한 저간의 내용으로 볼 때 적어도 주실마을 사람들은 남녀차별이나 계급차별에 대한 문제의식에 일찍이 눈을 떴던 것으로 보이며, 제도나 관습에 대해서도 상당히 유연한 시각과 태도를 견지했던 것으로 생각된다.

# 제3장 옥천종가의 전승 문헌과 유물들

# 1. 옥천종가의 고서와 고문서 및 유품들

한양조씨 옥천종택의 문헌 및 유물은 2006년과 2008년 두 차례에 걸쳐 안동의 한국국학진흥원에 기탁되었는데, 이 중 고서는 2008년에 306종 731책이 기탁되었다. 이들을 조선시대 전통적인 전적의 분류체제인 '경사자집經史子集'의 사고전서四庫全書 분류법에 따르면, 유교 경전 등의 경부經部가 34종 64책, 역사책을 비롯하여 전기·금석·지리지 등의 사부史部가 38종 189책, 경사집부에 해당하지 않는 제자백가 등의 자부子部가 19종 65책, 시문 등을 모은 집부集部가 215종 413책이다. 그리고 고문서류가 996점, 목판이 365장, 서화가 124점, 기타 28점 등 모두 2,244점의 고문서 및 유물이 있다.

## 1) 문중의 내력과 역사를 알 수 있는 문헌들

종가에서 전승되는 문헌의 성격을 보면 대체로 가문의 정신 사적 배경과 그 문화적 역량을 확인할 수 있는데, 우선 문중의 내 력과 역사를 알 수 있는 자료들이 눈에 띈다. 『한양조씨가승漢陽 趙氏家乘』은 앞부분에 옥천의 선조와 아들 조희당 및 손자 조준도 외 후손들의 행장과 묘갈명을 요약하고, 뒷부분에 조덕린의 「을 사십조소乙巳十條疏」와 조덕린을 신원하는 상소 및 영조와 정조의 비답인 「양조교비兩朝敎批」 등을 수록하고 있다. 이 문헌과 가문 의 기록인 『가적전말家蹟顚末』 및 조술도의 『소변疏辨』을 함께 보 면, 1725년 10월 옥천 조덕린이 사간원을 사직하면서 올린 「을사 십조소」 사건이 이 집안의 역사에서 얼마나 큰일이었으며 후손들 에게 얼마나 큰 영향을 미쳤는지 잘 알 수 있다. 1788년 정조의 명 으로 잠시나마 명예를 회복하기는 했지만 1803년에 다시 관작이 추탈되었다가 1899년 고종 대에 이르러서야 복권될 만큼, 후손들 은 이 일로 인해 오랜 세월 동안 관직에 진출하지 못하는 불이익 을 겪게 되었다. 그러나 역설적이게도 이러한 가화家禍를 겪으면 서 후손들은 오히려 옥천의 높은 뜻과 절제의 미덕을 더욱 숭앙하 고 따르게 되었던 것이다. 이 밖에 문중과 관련된 족보 및 인물 관 련 기록으로는 『한양조씨족보漢陽趙氏族譜』, 『한양조씨세가漢陽趙氏 世家』, 『한양조씨칠회중간세보漢陽趙氏七回重刊世譜』 등이 있다.

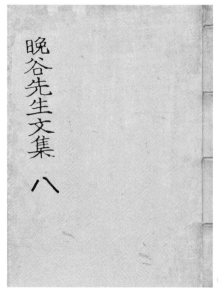

『만곡선생문집』

　또 옥천 가문의 문집 자료로는 18권 9책의 『옥천선생문집』과 24권 13책의 『옥천유고』, 4책의 『유집』, 그리고 4권 2책의 『월하집』(조운도), 4권 2책의 『마암집』(조진도), 목판본 8권 4책의 『만곡선생문집』(조술도)과 필사본 『만곡유고습유晩谷遺稿拾遺』, 불분권不分卷 2책의 『매오부군유고』(조거신), 5권 2책의 『고은문집』(조거남), 4권 2책의 『석농유고』(조병희), 석판본 8권 4책의 『남주선생문집』(조승기)이 전한다.

　문중의 필사 자료들로는 조덕린이 1725년 10월 안동에서 사간원사간을 사직하면서 10가지 시급한 과제를 상소한 을사소에 대해 변론한 조술도의『소변』, 을사소 이후 옥천 가문에서 겪은 가화의 전말을 기록한『가적전말』, 조덕린이 강원도사사 시절 관동지역을 다니면서 지은 시문을 필사한『관동록』, 조덕린이 봉화군 춘양면 노고산 기슭에 창주정사를 건립하고 독서와 강학을 하면서 지은 시문을 필사한『창주잡영』, 조덕린이 1725년 함경북도 종성으로 귀양 갈 때 한양에서 함께 벼슬하던 조정의 동료와 지인들이 지어 준 시와 충청도도사 시절 받은 시를 기록한『시첩』, 조덕린이 아내 진주강씨와 친척들을 애도한 제문 및 조술도와 조거선 등이 조진도를 애도한 제문이 함께 수록된『제문』, 조거남이 독서하면서『사문유취』와『성호사설』의 체제에 따라 항목을 나누어 관련 사실을 초록해서 모아 놓은『성재일초』, 조거선이 1782년 성균관과 한양에서 공부할 때 동료들과 함께 모임을 가지고 서로 창수한 시문을 기록한『반촌동화』, 조덕린의 후손들이 봉화의 창주정사를 영양군 청기면 정족리로 이건하면서 임산서당으로 개명하고 지은 시문을 수록한『임산서당일기』등이 전하고 있다. 이러한 자료들은 19세기에 정식으로 문집이 간행될 때 반영되게 된다.

## 2) 수신서류

이 밖에도 문중에서 무엇을 중시하는지, 영남지역에서 옥천종가의 위상은 어떠한지를 가늠할 수 있는 자료들이 전한다. 먼저 눈여겨보아야 할 것은 몸가짐과 학문에 대한 가르침을 전하는 수신서들이다. 『동몽수지』는 남송의 주희가 초학 아동이 학문에 들어가기에 앞서 기본적으로 갖추어야 할 자세를 기록한 아동 학습 교범이다. 내용은 제1 의관복제(衣服冠履), 제2 언어보추言語步趨, 제3 쇄소연결灑掃涓潔, 제4 독서사문자讀書寫文字, 제5 잡세사의雜細事宜 등으로 되어 있다. 『숙흥야매잠』은 원나라 진백이 지은 것으로, 조선의 노수신(1515~1590)이 8장으로 분장하고 주해한 성리학의 수신서이다. 명대의 주자학자 호거인의 어록 『거업록요어居業錄要語』, 원대 왕일암王逸庵이 짓고 경상도관찰사 김안국이 차자로 구결을 달고 언해를 붙여 간행한 『정속언해正俗諺解』 등도 수신과 학문에 관련된 고서들에 속한다. 이유원이 안릉이씨 여러 선조들의 문집에서 예설을 분류하여 모아 놓은 『안릉세전』과 이휘원이 안릉이씨 여러 선조들의 전적에서 훈계하는 글을 가려 뽑은 『이씨가훈』 역시 교훈적인 책들이다.

### 3) 정치적 사건의 기록들

다음으로 정치적 사건의 전말을 기록하거나 그와 관련된 인물들의 기록을 전하는 책들이 있다. 안로安璐의 『기묘록보유』는 기묘사화(1519)와 신사무옥(1521)에서 화를 당한 인물들의 전기를 기록한 책이다. 이 책은 김정국金正國의 『기묘당적己卯黨籍』을 보완한 것으로, 『기묘당적』은 기묘사화 때 화를 입은 94인의 생년·급제·최종관직만을 간략하게 기록해 두고 있었다. 필사본 『기갑록』은 기사환국己巳換局과 갑술환국甲戌換局의 전말을 기록한 책이다. 기사환국은 1689년(숙종 15)에 왕이 후궁인 숙원 장씨의 소생을 세자로 삼으려 하는 것에 반대한 송시열 등 서인들이 내침을 당하고 남인이 정권을 잡게 된 사건이다. 갑술환국은 1694년(숙종 20년) 4월 1일에 발생한 숙종 대의 3차 환국으로, 기사환국 이후로 집권해 온 남인이 몰락하고 서인이 재집권한 사건이다. 영남 남인들에게 매우 중요한 정치적 사건을 기록하고 있는 자료라는 점에서 문중에서 가승하고 있는 이유를 짐작할 만하다. 『영양사난창의록永陽四難倡義錄』은 영천지역에서 일어났던 4차례의 의거를 기리기 위해 만든 것으로, 임진(1592), 정묘(1627), 병자(1636), 무신(1728)에 걸쳐 일어난 왜란과 호란 및 이인좌의 난 등을 진압하기 위해 거병한 사건을 기록한 것이다.

### 4) 『홍재전서』와 기타 문헌들

그리고 가문에서 중요하게 전승하고 있는 거질의 책으로 184권 100책의 활자본 『홍재전서弘齋全書』가 전한다. 1801년에 3차로 편집한 184권 100책을 1814년에 정리자整理字로 인행한 초간본이다. 1814년 3월에 정리자로 30질을 인쇄하게 하여 규장각, 수원의 화녕전華寧殿, 사고 5곳, 내각, 홍문관 등 주요 기관에만 각각 1질씩 보관하게 하였다고 한다. 이 책은 상당 부분에 걸쳐 일부 또는 전권이 필사본으로 보충되어 있다. 옥천종가에서는 이 책을 구하기 위하여 상당한 재산을 들였다고 한다. 옥천의 신원을 위해 노력해 온 정조에 대한 문중의 추숭追崇 분위기를 알 수 있다.

이 외에 19세기 사대부 가문의 주요 인물을 성씨별로 기록한 인명록인 『신금록』, 1677년에 시행된 생원·진사시의 합격자 명단인 『정사증광사마방목丁巳增廣司馬榜目』, 1780년에 시행된 생원·진사시의 합격자 명단인 『숭정삼경자식년사마방목崇禎三庚子式年司馬榜目』 등 한양조씨 주실마을 후손들의 이름이 들어가 있는 자료들을 가내에 전하고 있다. 또한 조경趙絅의 시문을 필사한 『용주유고』, 허목許穆의 문집인 『미수기언眉叟記言』, 윤휴尹鑴의 저서인 『백호선생문집』 등이 전하는데, 이들은 효종 때 남인으로서 영남 남인들과 교유했던 인물들이다. 옥천 가문의 개방적인 학풍을 짐작할 수 있는 자료들이다.


## 5) 고문서류

옥천종가에 전하는 고문서류는 모두 996점이다. 가장 많은 양을 차지하는 것이 간찰簡札로 511점에 달한다. 편지를 주고받은 인물들의 면면을 보면, 아들과 손자들, 홍중인洪重寅, 홍중징洪重徵, 조수겸趙守謙, 조현명趙顯命, 주언창朱彦昌, 김취려金就礪, 이병원李秉遠, 정약용丁若鏞 등이다. 조덕린이 직접 주고받은 것들도 있고, 후손인 조진도, 조술도, 조거남, 조성복 등이 영남 남인들과 주고받은 편지들도 있다. 정약용이 조성복에게 보낸 간찰 127을 보면 조성복이 보내 준 약초에 대해 감사를 표하는 내용이 나온다.

다음으로 제문 130점과 만사 67점이 전한다. 옥천종가의 인맥을 알 수 있는 자료들로 20세기 자료들도 있다. 만사는 한양조씨 가문 인물들의 죽음을 애도하는 한시로서 그 작자들 역시 옥천종가의 사람들과 함께 학문을 하거나 교유한 인물들이다. 그리고 시문이 102점 전하는데, 옥천종가 사람들의 시문도 있고 옥천 가문의 강학공간인 창주정사, 임산서당, 사미정, 학파정, 월록서당 등을 중심으로 옥천종가 사람들의 시에 대해 차운한 시들도 있다.

행장은 21점으로, 조덕린, 조희당, 조운도, 조진도, 조거남, 조성복 등의 생애와 학덕을 기술한 내용들이다. 주된 작자는 채제공, 채홍리, 이광정, 이가환, 권세연 등으로 근기 남인의 인물들이 많다.

이 밖에 교서와 교지 29점, 상소 13점, 소지所志 15점, 호적

25점, 완문 2점, 통문 6점, 치부기置簿記 21점, 망기望記 4점, 시권 16점, 홀기笏記 5점, 좌목座目 8점, 성책 15점, 녹권 1점, 정안 1점, 기타(마암집반포록, 책록, 관력표) 3점 등이 전한다.

## 6) 유물들

옥천종가에 내려오는 유물들은 목판류 365점, 서화류를 포함한 기타류 152점 등 모두 517점에 이른다. 옥천종가의 목판은 1898년 옥천의 6대손 조병희 등이 편집 간행한 조덕린의 시문집 책판 「옥천선생문집책판」 318점과 조진도의 시문집 책판 「마암선생문집책판」 43점, 손자 조진도가 조덕린의 명을 받들어 봉화군에 건립한 사미정 내에 걸어 둔 것으로 채제공이 친필로 써 준

초당

현판「마암재」1점, 옥천의 아들 조희당이 종택 우측에 세우고 김희수金羲壽가 써 준 초당의 현판「초당草堂」1점, 1727년 사미정을 짓고 옥천이 친필로 쓴 현판「사미정」1점, 1778년 영양에서 봉화로 사미정을 옮기고 조진도가 쓴 현판「사미정이건기」1점 등이 있다.

서화류는 124점이 전하는데 그림 2점, 탁본 8점, 글씨가 114점이다. 글씨가 가장 많다. 먼저 그림「묵란도墨蘭圖」는 산성 김영근金永根이 신유년 초여름에 낙동강 언덕에서 그린 그림이다. 화제는 "산 깊고 해가 긴데, 사람 자취 고요하니 향기는 빼어나다"(山深日長, 人靜香秀)이다. 글씨를 보면, 아석 김종대(1873~1949)가 임산서당霖山書堂에 편액한 글씨, 옥천이 임종 시에 남긴 시를 근림 조현기가 쓴 글씨, 조희당이 자손들에게 준 가훈, 최병찬이 족자에 쓴「창주팔영」글씨, 조덕린이 직접 쓰고 서발문을 붙여 좌우에 두고 수양의 자료로 삼은「주부자무이도가십절」과「도산잡영십칠절」글씨, 조덕린의 유묵「옥고유묵玉考遺墨」과「우모첩寓慕帖」, 서첩 글씨인『사세유묵四世遺墨』과『선묵성첩先墨成帖』2책은 조덕린, 조희당, 조준도, 조운도, 조진도, 조술도, 조거선, 조거신 등 옥천 후손들과 이협, 강박, 이재, 이상정, 류치명 등 교유 인물들의 간찰을 수록한 것이다.『선현묵첩』2책은 이황, 이진망, 이인복, 권익관, 조중창, 채팽윤, 조시경, 홍중인, 박사수, 이인징, 안연석, 최집, 이만녕, 조달도, 이보욱, 조성흠, 신비귀 등의 간찰

을 수록한 것이다. 이 외에 이광정·이한응의 『각화사동유록』,
조거선의 『반중창수시첩』, 조성복의 『열상필첩』, 조거남의 『연
홍당장첩』, 권영좌·정약용의 『참상루이첩』, 조시복의 『사이재
기四而齋記』, 박종기의 『만헌박종기필첩』, 김희수의 『석원고등』
등이 전한다. 탁본은 옥천석문玉川石門, 비파암琵琶嵓, 마암磨巖 등
모두 사미정 주변에 있는 각석을 탁본한 것과 필첩 및 시첩을 탁
본한 것이 있다.

　기타류 유품으로는 인장 8점, 갓끈 3점, 관자 2점, 병풍 2점,
지휘봉 2점, 흉배 2점, 거문고, 등잔, 부채, 상아끈, 어사화, 연, 일
산, 장지, 칼, 호패, 홀기판 등이 있다. 도장이 8점으로 기타 유품
중에 가장 많이 전하는데, 그 글씨와 사용자를 제시하면 조덕린
의 '옥계후인玉溪后人', 아들 조희당의 '초당草堂', 손자 조진도의
'마암磨巖'·'임산서당霖山書堂' 2점, 9대손 조석구의 '조석구인
趙錫九印'·'조석구趙錫九'·'석구錫九' 3점 등이다. 도장의 크기
와 글씨체가 다양한 특징을 보이고 있다.

　옥천종택에서 기탁한 병풍 2점은 4폭짜리로, 한 점은 특이한
초서체로 쓴 '봉래풍악蓬萊楓嶽' 네 글자를, 한 점은 '백세청풍百
世淸風' 네 글자를 탁본한 것이다. 전자는 금강산 만폭동萬瀑洞 암
벽에 새겨진 양사언의 글씨를 탁본한 것으로, 세 번째 풍楓 자 좌
측 하단에 '신안우각新安愚刻'이란 초서가 쓰여 있다. 후자는 남
송南宋의 성리학자 주희朱熹가 쓴 친필을 탁본한 것으로, 네 번째

병풍(한국국학진흥원 제공)

호패(한국국학진흥원 제공)

풍風 자 좌측 상단에 '창주주회옹서滄洲朱晦翁書'라는 초서가 쓰여 있다.

옥천의 호패도 1점 전하는데, '조덕린趙德鄰 무술생戊戌生 신미辛未 문과文科'라는 10자가 새겨져 있어서 옥천이 직접 차고 다니던 것으로 보인다. 신미년은 옥천이 문과에 급제하여 승문원에 들어가던 1691년으로, 문과에 급제하여 신분이 달라짐에 따라 새로 발급받은 것으로 보인다. 목에 걸거나 몸에 두를 수 있는 긴 줄과 둘레에 호패를 감싸고 있는 여러 가닥의 실로 된 긴 술이 세련된 장식미를 보이고 있다.

흉배 2점은 모두 옥천이 사용한 것으로 사간원사간 및 우부승지 때 입었던 관복에 사용된 것이다. 주로 문무백관의 관복 가

흉배(한국국학진흥원 제공)

습과 등에 붙이던 것으로 수 장식의 사각 형겊으로 되어 있다. 영조 때에 이르러 당하관은 백학흉배를 사용하게 됨에 따라 조덕린의 흉배에도 날개를 펼친 백학이 수놓아져 있다. 조선 후기가 되면서 흉배제도의 정비가 이루어지는데, 관직의 수도 많아지고 제도도 복잡해짐에 따라 이를 복식상으로 구분해야 할 필요가 생겼기 때문이다.

거문고는 옥천이 사용했던 6현의 거문고로 검은색 오동나무 재질로 되어 있다. 옥천 사후에 사미정에 전해졌다고 하는데, 강학을 하는 가운데 거문고를 연주하며 심신을 달래고 정신을 수양했던 것으로 보인다.

일찍이 『농암집』에 보면 조덕린이 지은 분강서원汾江書院의 상량문이 전하는데 여기에는 음악의 긍정적 기능에 대한 옥천의

거문고(한국국학진흥원 제공)

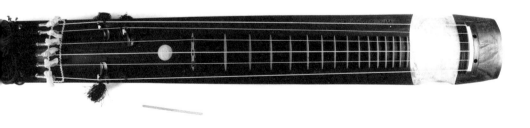

인식이 잘 나타나 있다. 분강서원은 1699년 농암龍巖 이현보李賢輔의 학덕을 기리기 위해 후손과 사림이 세운 건물이다. 상량문의 일부를 보자.

학문하고 남는 시간에 벼슬을 하였으나, 높이 현달하여 일찍부터 경제의 뜻을 지녔다. 출처가 함께 마땅하였고 충효를 함께 갖추었다. 혼란한 임금을 섬겼으나 곤경에 처해도 더욱 형통하였고, 벼슬은 간관에 이르러 바른 도에 숨김이 없었다. 어버이를 매우 정성스럽게 봉양하고 여덟 고을을 다스림에 그 효도의 마음을 미루어 다스렸으니, 거문고 노래가 백 리에 걸쳐 퍼졌다.

당堂에는 애일愛日의 액자를 걸었고, 집에는 명농明農의 헌함이 있었다. 귀거도를 그려 놓고 고인을 생각하였고, 어부가를 불러 장안을 바라보았다. 좌석에는 늘 연로하고 덕이 높은 낙사洛社의 호걸이 앉아 있었고, 뜰아래는 사가謝家의 나무들이 빽빽하여 난형난제를 이루고 있었다.

대부와 명사들이 찾아들어 시를 읊고 노래하였으며, 퇴계선생 같은 이가 찾아와 도의道義로써 좇았다. 문장과 학행이 거룩하여 진신縉紳의 모범이 되었고, 덕업과 관작이 높았으니 나라에서 시귀蓍龜처럼 우러렀다. 큰 덕은 수壽를 얻게 되리라 사람들이 추앙하였는데, 엄연하던 소미성少微星이 빛을 감추고 말았으니 이제 어디를 의지할 것인가?

위 글은 조덕린의 「분강서원상량문汾江書院上樑文」이다. 농암이 도덕적이고 이상적인 인격을 갖춘 존재로서 그 덕화德化가 상당한 경지에 이르렀음을 알 수 있는 글이다. 그의 충효 관념이 잘 드러나 있으며, 그의 선치자로서의 모습이 거문고 노래와 함께 백 리에 퍼졌다거나, 낙사의 호걸과 대부와 명사들, 그리고 퇴계 같은 이들까지 찾아와 시와 노래를 읊고 도의를 논했다는 장면이 그려져 있다. 음악이 단순히 풍류적 기능에 머물지 않고 예악정신을 구현하는 매개가 되고 있음을 보여 준다. 거문고에 대한 옥천의 애호 역시 이러한 예악 실현의 경험을 통해 이루어지고 있는 것이 아닐까.

유품 중에서 칼 한 점은 무신란 당시 경상도호소사로 임명되었을 때 영조로부터 하사받은 것이다. 칼과 함께 전하는 나무함에 '옥천선조玉川先祖 경상도호소사시慶尙道號召使時 유물遺物 영묘英廟 무신戊申'이란 글자가 기록되어 있다. 이인좌의 난을 진압하기 위해 거병하여 출정했을 때 지휘하던 칼로서 조덕린과 문중 입장에서는 소중한 유품이 아닐 수 없다.

또 하나의 유품인 홀기판은 7월 20일 옥천의 제사 때 사용된 유물이다. 홀기는 신주를 정침으로 꺼내어 오고 제사를 올리는 등의 절차를 기록한 것으로, 목판에 기록하여 사용에 편리하도록

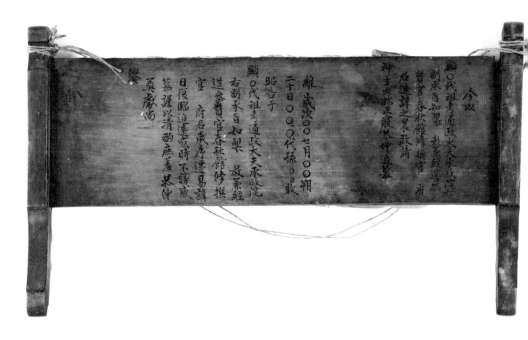

홀기판(한국국학진흥원 제공)

하였다. 홀기는 절차를 미리 정해 두고 시행함으로써 절차의 오
류를 막고 시비의 근원을 방지하는 장점이 있다. 불천위로 모셔
진 옥천의 제사는 변동이 없는 가내 행사이기 때문에 항구적으로
사용하기 위해 만든 것이다. 이 홀기판은 통정대부通政大夫 승정
원부승지承政院副承旨 경연참찬관經筵參贊官 춘추관수찬관春秋館修

撰官을 지낸 조덕린의 제사를 위해 마련된 것이다.

　옥천종가에 전하는 유품들을 통해 우리가 알 수 있는 것은 사림으로서 관직에 대한 옥천의 사명감과 책임감이 남달리 투철했다는 점이며, 이러한 옥천의 가르침과 유훈을 옥천종가의 후손들 역시 우직하게 지키려고 노력했다는 점이다. 비록 정치적 상처 속에서 환로에 나아가지 못하는 큰 사회적 불이익을 겪게 되었지만, 오히려 그러한 가화家禍의 역사 속에서 옥천 가문의 후손들은 도덕적으로 더욱 높은 정신적 세계를 구축해 갔던 것이다.

# 2. 옥천 가문의 문집, 『초당세고』

옥천의 문집을 비롯한 후손들의 문집 역시 전승되고 있는데, 일찍이 옥천玉川의 10대손 되는 조대봉趙大鳳 영남대 교수는 1987년에 가문의 고문헌 80여 권을 묶어 여강출판사에서 영인하면서 종택의 당호인 '초당草堂'을 붙여 『초당세고草堂世稿』라 명명한 바 있다. 이 책은 모두 4권으로 되어 있는데, 각 권의 구성은 다음과 같다.

제1권: 옥천선생문집玉川先生文集, 부록 왕조실록王朝實錄 초존
　　　 鈔存.
제2권: 월하집月下集 · 마암집磨巖集 · 만곡집晚谷集.
제3권: 매오문집梅塢文集 · 고은문집古隱文集.

『초당세고』

제4권: 학파유고鶴坡遺稿·석농유고石農遺稿.

　『초당세고』 제1권은 18권 9책으로, 기간既刊된 구본舊本 『옥천선생문집』을 증보한 24권의 『옥천선생문집』과 부록으로 실록 관련 기록을 발췌 편집한 「왕조실록 초존」이 수록되어 있다. 18권 9책의 구본과 구성은 대체로 대동소이하지만 수록된 글과 배치 순서는 차이가 있다. 권두에 총목록이 있고 서문과 발문은 없다. 이상정의 「행장」과 채제공의 「묘갈명」에 따르면 조덕린의 손자 운도, 술도가 1788년(정조 12)경에 조부의 시문 중 가장초고家藏

草稿를 수습하였다는 기록이 있다. 이때는 마침 정조가 조덕린을 신원시켜 관작을 복구해 주었을 때이니, 가문의 명예 회복을 위한 후손들의 의지가 얼마나 간절했는지 짐작할 수 있다. 이것이 본격적으로 목판본으로 간행된 것은 1898년에 와서이다. 저자의 6대손 병희 등이 권연하權璉夏 등의 교정을 받아 1898년 목판으로 총 632판을 간행하였다. 『옥천문집』의 초간본은 현재 국립중앙도서관, 규장각, 장서각, 고려대학교 중앙도서관 등에 소장되어 있다. 24권으로 증보된 문집의 수록 내용을 보면 다음과 같다.

권1과 권2에는 시 350여 수가 실려 있다. 그중 60여 수가 만시挽詩이다. 류세명柳世鳴, 류정휘柳挺輝, 김방걸金邦傑, 김성구金聲久, 김명기金命基, 이숭일李嵩逸, 이휘일李徽逸, 이시형李始亨, 김태중金台重, 이구징李龜徵, 김세흠金世欽, 홍만조洪萬朝, 성문하成文夏, 오명항吳命恒, 이의만李宜晚 등에 대한 만시挽詩가 들어 있다. 그리고 권두경權斗經, 권두기權斗紀, 오삼달吳三達 등의 시에 대한 차운시가 있다. 또 함경도 종성鍾城 유배 시의 작품이 상당수 실려 있으며, 창주정사滄洲精舍와 관련된 「창주정사잡영」 및 「창주팔영」 등의 시가 들어 있다.

권3과 권4에는 소疏 19편과 장계狀啓 5편이 수록되어 있다. 권3에는 1693년의 시강원설서를 사직하는 「사면설서소辭免說書疏」, 문원공文元公 이언적과 문순공文純公 이황을 제사하는 엄곡서원嚴谷書院에 사액할 것을 청하는 「엄곡서원청액소嚴谷書院請額疏」,

문절공文節公 김담金淡을 제사하는 단계서원丹溪書院을 훼철하지 말 것을 청하는 「단계서원물훼소丹溪書院勿毀疏」, 그리고 1725년의 수찬, 필선, 교리, 사간 등의 사직소가 실려 있다. 권3의 마지막에는 1725년 「을사십조소」의 초고로 유명한 「사면사간소辭免司諫疏」가 실려 있다. 여기에는 수실덕修實德, 신서옥愼庶獄, 회공도恢公道, 정명실正名實 등 10조의 진계陳戒와 당쟁의 폐해를 비판하는 내용이 별첨되어 있다. 당쟁의 폐해를 지적한 이 상소 때문에 조덕린은 노론의 공격을 받고 함경도 종성으로 유배를 가게 된다. 이어서 권4에는 1727년에 사면된 뒤 잇달아 제수된 사간, 응교, 교리, 수찬, 동부승지, 우부승지의 사직소와 1728년에 호소사號召使의 임무를 마치고 승자陞資된 것을 사양하는 「호소사철순후사승자소號召使輟巡後辭陞資疏」가 실려 있고, 이인좌의 난 때 거병하여 출정하면서 안동, 대구, 경주 등을 거치며 올린 장계가 실려 있는데 긴박했던 지역의 정황이 생생하게 기록되어 있다.

　권5~권7에는 서書 155편이 실려 있다. 심단沈檀, 홍만조洪萬朝, 박문수朴文秀, 이재李栽, 권두경權斗經, 이광정李光庭, 김성탁金聖鐸, 도산사림陶山士林 등에게 보낸 편지들인데, 대개 1인 1편씩 인물별로 편차되어 있는 것이 특이하다. 무신란을 평정하기 위해 활약하던 정부 관리들과 적의 동태 및 토벌에 관해 구체적으로 상의한 내용들이 포함되어 있다.

　권8에는 잡저 6편과 서序 10편이 실려 있다. 잡저에 있는 「정원분연설政院盆蓮說」은 1692년 여름에 가관假官으로 정원政院에 들어갔을 때에 지은 것이다. 「관동사월록關東四月錄」은 1708년 강원도도사 시절 4월 16일부터 5월 1일까지 수비首比를 거쳐 월송정, 망양정, 울진, 불영사 주천대, 삼척, 죽서루, 우계, 강릉, 오대산 월정사, 횡성, 원주 집승정 등을 유람한 기행문이다. 「관동구월록」역시 같은 해 9월에 다시 고성, 삼일포, 금강산, 낭천, 청평산 등을 유람하고 춘천으로 돌아왔다가 다시 양구, 인제를 거쳐 간성으로 돌아오기까지의 일정을 적은 기행문이다. 그 외 홍중하洪重夏, 근시재近始齋 김해金垓, 약포藥圃 정탁鄭琢, 보백당寶白堂 김계행金係行, 수암修巖 류진柳袗 등의 문집에 붙인 서序와 응계凝溪 옥고玉沽의 실기實紀에 대한 서, 1684년에 강원도도사로 부임하는 류세명柳世鳴을 배웅하는 송서送序 등이 있다.

　권9에는 기記 13편, 발跋 11편, 명銘 2편, 전箋 5편이 실려 있다. 기記는 영양향교의 육영루育英樓, 풍기객관의 제운루齊雲樓, 의성향교의 홍학재興學齋, 심단沈檀의 추우당追尤堂, 오삼달吳三達의 취은당醉隱堂, 박만보朴萬普의 양졸헌養拙軒, 강순백姜順伯의 수과와守瓜窩, 그리고 자신의 서재인 사미당四未堂 등에 대한 글 등이다. 발跋은 서첩書帖, 효열록孝烈錄, 도첩圖帖 등의 뒤에 붙인 글이다. 명銘 2편은 모두 거문고에 대해 지은 것이다. 전문箋文은 1708년에 강원감사를 대신해서 지은 탄일전문誕日箋文과 1716년에 충청감사를 대신해서 지은 동지전문冬至箋文이 있고, 나머지 전문도 모두 대작代作이다.

권10에는 상량문 9편과 축문 32편이 실려 있다. 상량문은 농암 이현보의 영당影堂, 예안의 오천정사烏川精舍, 주곡注谷의 정침正寢, 영양의 객사客舍, 진보향교, 소라召羅 정침, 문계서원文溪書院 등에 대한 것이다. 축문은 엄곡서원嚴谷書院을 이건한 뒤 회재 이언적과 퇴계 이황을 봉안하는 글, 옥천정사玉川精舍에 서하西河 임춘林椿을 봉안하는 글, 낙빈정사洛濱精舍에 고산孤山 이유장李惟樟을 봉안하는 글, 매림梅林 향현사鄕賢祠에 매헌梅軒 곽수강郭壽岡과 한계寒溪 오선기吳善基를 봉안하는 글, 분강서원汾江書院에 계암溪巖 김령金坽을 봉안하는 글, 구봉정사九峯精舍에 두곡杜谷 홍우정洪宇定을 봉안하는 글 등이다.

권11에는 제문 22편과 애사哀辭 2편이 실려 있다. 제문은 의령현감을 지낸 항재恒齋 이숭일李嵩逸, 외종형 정요천鄭堯天, 갈암葛庵 이현일李玄逸, 사중士重 권두망權斗望, 송월재松月齋 이시선李時善 등에 대한 것이다. 애사는 정주명鄭周命과 권포權莆에 대한 것이다. 권12에는 묘지墓誌 6편이, 권13~권16에는 묘갈墓碣 47편이 실려 있다. 권17에는 묘표墓表 8편, 권18에는 신도비神道碑 2편, 권19~권20에는 행장 10편이 실려 있다. 행장은 회당悔堂 류세철柳世哲, 나은懶隱 이동표李東標, 운천雲川 김용金涌, 남파南坡 홍우원洪宇遠 등에 관한 기록이다.

권21과 권22는 부록에 해당하는데 먼저 권21에는 「북천중행

시첩北遷贈行詩帖」, 제문, 만사輓詞, 가장家狀이 실려 있다. 시첩에는 함경도 종성으로 유배 가는 옥천에게 부치는 시들이 수록되었는데, 작자를 보면 오광운吳光運, 이만유李萬維, 류경시柳敬時, 권만權萬, 홍영洪璟, 박태무朴泰茂, 박만보朴萬普, 권시경權始經 등이다. 대체로 갈암 이현일의 문인들인 이들은 옥천과 함께 수학했거나 옥천을 흠숭한 인물들로, 시로써 옥천을 위로하였다. 오광운의 시 한 대목을 보자.

| | |
|---|---|
| 곧은 이를 맞이하니 종성은 커졌으며 | 容直鍾城大 |
| 어진 이를 낳았으니 새재는 높아졌네. | 生賢鳥嶺高 |
| …… | …… |
| 눈물을 흘리며 임금의 은혜에 감사하네. | 流涕感君恩 |
| 세상사 놀랍기가 상전벽해와 같으니 | 世事驚桑海 |
| 슬퍼하는 기러기 날갯깃만 표표히 떨어지네. | 悲鴻落羽飄 |
| 한결같은 단심은 관북의 달에도 괴로워하고 | 心丹關月苦 |
| 몸은 늙었지만 변방의 구름처럼 멀리 보네. | 身老塞雲遙 |
| …… | …… |

「북천증행시北遷贈行詩」

　　조덕린의 사람됨은 이제 어디에서도 인정받게 될 것이며, 그의 충절은 유배의 처지에서도 변함없을 것임을 읊고 있다. 영남의 문인들은 조덕린의 상소와 유배의 과정을 통해 올바른 정치는 무엇이며 모름지기 선비는 어떠한 삶을 살아야 하는지 크게 배웠던 것이다. 다음으로 제문은 이세원李世瑗, 김양현金良賢, 노계원盧啓元, 이시중李時中, 류승현柳升鉉, 송이석宋履錫, 이제겸李濟兼, 권구權榘, 이경익李景翼, 이달중李達中, 김명석金命錫, 박태무朴泰茂 등의 글이 실려 있고, 만사輓詞는 류성화柳聖和, 배행검裵行儉, 권상일權相一, 신후담愼後聃, 박태무 등의 글이 실려 있다.

권22는 부록으로 대산 이상정이 쓴 행장과 번암 채제공이 쓴 묘갈명병서墓碣銘幷序가 실려 있다. 이상정의 행장은 옥천의 유문을 수습한 손자 운도가 그에게 청하여 짓게 된 것이며, 묘갈명은 손자 술도가 이상정의 행장을 보이며 채재공에게 청하여 짓게 된 것으로 보인다.

권23은 증보편으로, 시 11편, 서 2편, 묘갈명 1편, 장계 1편, 사적 1편, 「양조교비연설兩朝敎批筵說」, 소 5편, 잡저 2편이 실려 있다. 장계는 1708년에 강원도도사로 있을 때에 감사에게 치보馳報한 것으로, 이 장계에는 구결口訣이 들어 있다. 여기서 사적事蹟은 「강진역책시사적康津易簀時事蹟」으로 저자가 제주로 귀양 가던 도중 강진에서 졸할 때에 당시 강진현감으로 저자의 임종을 지켜보았던 홍중기洪重夔가 한 말을 청대淸臺 권상일權相一이 기록해 놓은 것이다. 「양조교비연설」은 영조와 정조 양조에 걸쳐 조덕린의 을사소와 이인좌의 난 진압 공적에 대하여 내린 교지敎旨, 비답批答, 그리고 정조 때 연석에서 저자에 대해 주고받은 대화 내용을 모아 놓은 연설筵說을 정리한 것이다. 「양조교비연설」의 수록 순서는 다음과 같다.

영조: 영묘무신전지英廟戊申傳旨, 경오전교庚午傳敎, 을해전교 乙亥傳敎.

정조: 정조무신교비正祖戊申敎批, 영유상언후소수이진동입시 시전교嶺儒上言後疏首李鎭東入侍時傳敎, 육승지직명소후 내정원교六承旨職名疏後勅政院敎, 내정원교勅政院敎, 헌납 김광악소후전교獻納金光岳疏後傳敎, 선유제대신교宣諭諸 大臣敎, 내삼사교勅三司敎, 정원엄래교政院嚴勅敎, 영의정 김치인답자비답領議政金致仁劄子批答, 좌의정이성원답자 비답左議政李性源劄子批答, 형조판서윤시동소비답刑曹判 書尹蓍東疏批答, 우의정채제공답자비답右議政蔡濟恭劄子 批答, 집의신우상소비답執義申禹相疏批答, 정언강석구소 비답正言姜碩龜疏批答, 연설筵說.

영조 때부터 조덕린의 사후 무고함과 공적을 인정하는 교지가 있었고, 정조 역시 영조의 전교를 들어 그의 죄명을 씻어 주고 복관시키고자 노력했던 것으로 보인다. 특히 조덕린과 황익재黃翼再의 죄를 탕척蕩滌하라는 명에 대해 영의정 김치인, 좌의정 이성원 등이 들고일어나자 비답을 내려 그에 대해 논하지 말 것을 엄명하였고, 형조판서 윤시동의 경우에는 직첩을 회수하는 불서 不敍의 형을 내리기도 하였다. 연설筵說은 이진동李鎭東을 비롯한 영남 유림의 상언上言이 있은 후 이와 관련하여 1788년 11월 8일, 11월 11일, 1789년 8월 5일 경연석상에서 나눈 대화를 기록한 것 이다. 잠시 11월 8일의 대화 내용을 짚어 보자.

임금(정조)께서 좌상과 우상에게 입시를 명하여 좌상에게 물어 가로되 "조덕린의 일을 경은 아는가 모르는가" 하였다. (좌상 이) 대답하여 가로되 "자세히 알지 못합니다. 우상은 알 것입니 다" 하였다. 왕이 우상에게 묻자 대답하였다. "조덕린은 조정 에 득죄한 것이지 국가에 득죄한 것은 아닙니다." 임금이 이르 기를 "나 또한 그렇게 알고 있소. 우상이 다시 을사소 뒤에 응 교가 은혜 입은 전후 사실로 일일이 결백을 살펴주오" 하였다. 임금이 말하기를 "이 사람들이 한쪽에 치우쳐 있구려" 하고, 다시 전교하기를 "일이 이미 이와 같으니 어찌해야 하는가" 하였다. 우상이 대답하기를 "이는 실로 조정의 일이요 제가 홀 로 알 바가 아닙니다" 하니, 임금이 말하기를 "또한 영상으로 하여금 처리하게 하시오. 영상이 필히 좋아할 것이오" 하였다.

여기서 좌의정은 이성원李性源이고 우의정은 채제공이다. 이인좌와 정희량 등이 일으킨 무신년(1728)의 반란을 진압한 영남 선비들의 명단을 『창의록倡義錄』으로 올린 영남 유림의 상언에 대해 조정의 반발이 일자, 이를 두고 벌인 대화이다. 이 『창의록』은 1728년 영남지역 반란군 진압에 나선 영남지역 의병의 기록을 모은 책이다. 그러나 정조의 단호한 뜻 못지않게 조정 안팎으로 조덕린의 죄를 주장하는 목소리도 만만치 않았던 것으로 보인다. 하지만 이후 정조는 『창의록』을 배포하고 조덕린과 황익재의 죄를 씻으라 명하게 된다.

이 외 상소문 중에서는 갈암 이현일과 관련된 「청갈암복직소請葛庵復職疏」와 「청갈암신원소請葛庵伸寃疏」가 눈에 띈다. 당시 노론과 소론 및 남인 간의 갈등이 극심한 정치적 상황에서 옥천 조덕린의 정치적 위상을 살펴볼 수 있다. 잡저에는 『역경의의易經疑義』, 『근사록참고近思錄參考』 등이 있다. 『근사록』은 『심경心經』과 더불어 송학宋學을 중시했던 조선조 유학자들의 필독서 가운데 하나였다. 이에 대한 상세한 검토의 의견을 적은 것은 성리학적 성찰의 내용을 정리하기 위한 것으로 보인다.

권24에는 옥천의 연보가 실려 있고 말미에 『조선왕조실록』 초존이 함께 수록되어 있다.

『초당세고』 제2권 『월하집 · 마암집 · 만곡집』은 옥천의 손자인 월하月下 조운도趙運道, 마암磨巖 조진도趙進道, 만곡晚谷 조술도趙述道의 문집을 엮은 것이다. 제3권 『매오문집 · 고은문집』은

옥천의 증손인 매오梅塢 조거신趙居信과 고은古隱 조거남趙居南의
문집을 엮었다. 제4권『학파유고·석농유고』는 옥천의 4대손인
학파鶴坡 조성복趙星復과 6대손 석농石農 조병희趙秉禧의 문집을 엮
었다. 조덕순趙德純의 8대손이자 조언유趙彦儒(1767~1847)의 증손인
조승기趙承基와 월하의 현손 조병희가 각각『마암집』과『월하집』
에 발문을 썼는데, 그에 따르면 "1897년 가을에 여러 후손들이
의견을 모아 선조『옥천문집』의 간역刊役을 시작하여 이듬해 봄
에 일을 마치고 이어서 월하 부군의 유고를 간행하였다.…… 사
손嗣孫 조연용趙演容이 나에게 발문을 부탁하여 일의 전말을 기록
해 줄 것을 청하였다"라고 하여 1897년 가을부터 1898년 여름까
지의 기간에 옥천의 문집과 손자 조진도와 조운도의 문집에 대한
간행이 차례로 이루어졌음을 알 수 있다.『초당세고』2~4권의 체
재와 특징을 정리하면 다음과 같다.

> 월하집月下集: 4권. 권1~2는 시, 권3은 서·잡저·기, 권4는
> 　　　발·명·상량문·애사·제문·부록(행장·묘갈
> 　　　명·「竪碣告由文」및 발).
> 마암집磨巖集: 4권. 권1은 시, 권2는 서·잡저, 권3은 서序·
> 　　　기·발·상량문·애사·축문·제문·가장·
> 　　　유사, 권4는 부록(행장·제문·애사·만사·묘갈
> 　　　명·「復科後改題告辭」및 발).

만곡집晚谷集: 18권. 권1~2는 시, 권3~7은 서, 권8은 잡저, 권9

는 잡저 · 서序, 권10은 서序 · 기 · 발 · 잠 · 명,

권11은 찬 · 상량문 · 애사 · 축문, 권12는 제

문 · 묘표, 권13은 묘갈 · 묘지, 권14는 묘지 · 행

장, 권15는 행장 · 행록, 권16은 행록, 권17은 행

록 · 유사 · 전, 권18은 부록(행장 · 묘갈명).

매오문집梅塢文集: 2권. 권1은 시, 권2는 서 · 제문 · 서序 · 기.

고은문집古隱文集: 5권. 권1~2는 시, 권3은 서 · 제문 · 뇌사誄

辭 · 축문, 권4는 서序 · 기 · 잠명箴銘, 권5는

설 · 발 · 상량문 · 잡저 · 부록(만사 · 애사 ·

제문 · 「贈行酬唱帖」 · 「附贈行序及詩軸序」 ·

기 · 유사).

학파유고鶴坡遺稿: 21권. 권1은 부부賦 · 시, 권2~6은 시, 권7은

시 · 소疏, 권8~13은 서, 권14~15는 잡저, 권

16은 설 · 서序 · 기, 권17은 기 · 발, 권18은

잠 · 명 · 찬 · 상량문 · 축문 · 제문, 권19는

제문 · 애사, 권20은 묘표 · 묘지 · 묘갈 · 행

장, 권21은 부록(유사 · 행장 · 묘갈명).

석농유고石農遺稿: 4권. 권1~2는 시, 권3은 소疏 · 서 · 축문 ·

제문, 권4는 제문 · 묘갈명 · 상량문 · 기 ·

서序 · 명 · 잡저 · 발.

위 문집 중『월하집』은 옥천의 손자 조운도의 시문집으로 목판본 2권 1책이 증보되어 4권으로 되어 있다. 권1~2에는 만시를 포함하여 한시가 수록되어 있다. 대체로 산수를 읊은 시와 개인적 술회의 성격을 띤 시들이 많다. 권3의 편지(書)들은 아들 조거선, 조카조거신과 손자 조성복 등에게 보낸 것으로, 옥천의 삶을 기리거나 신원된 가문의 처지를 알리는 내용으로 되어 있다. 기記는 청량산이나 금오산을 유람하고 짓거나 누정을 건축하고 그 경위를 지은 것이다. 월하의 산수 인식이 잘 드러나는 작품이라 생각된다. 권3의 잡저와 권4에는 다양한 성격의 글들이 수록되어 있다.

『마암집』 또한 옥천의 손자인 조진도의 시문집으로, 『월하집』과 더불어 6대손 조병희와 주손 조진용 등이 유고를 편집 정리하여 족후손 조승기의 발문을 받아 1898년에 간행하였다. 권1에는 주로 시가 실려 있고, 권2에는 서와 잡저, 권3에는 서·기·발·상량문·애사·축문·제문·가장·유사 등 다양한 글이 수록되어 있고, 부록인 권4에는 행장·묘갈명·만사 등의 글과 남주 조승기의 발문이 실려 있다. 시에는 특히 경물을 노래한 연작시들이 눈에 띄는데, 그중「춘양팔영春陽八詠」은 춘양지방의 여덟 경관 즉 각화사, 도연서원, 한수정, 창애정, 어풍대, 수월암, 창랑정사, 어은정을 5언고시로 읊은 것이다. 이 밖에도「창랑정사잡영병서滄浪精舍雜詠幷序」와「경차운곡이십육절운敬次雲谷二十六絶韻」등의 시를 통해 자연경관의 아름다움을 읊었다. 창랑정사는 옥천 조덕린이 지은 정자로, 마암이 만년에 이곳에서 자연과 벗하며 지내면서 스스로 심신을 수양하며 인격을 가다듬는 공간으로 삼아 조부의 뜻을 이었다.

다음으로 조술도의 『만곡집』이 있다. 권두에 입재立齋 정종로鄭宗魯(1738~1816)의 친필 서문이 실려 있어서 순조 연간에 제작되었음을 짐작할 수 있다. 입재는 대제학 정경세鄭經世의 현손으로 이상정의 문인이며 영남학파의 학통을 계승한 인물이다. 권1~2에는 시가 수록되어 있다. 죽은 이를 추모하는 만시를 많이 지은 것이 특징적이다. 또한 시를 좋아하지만 짓는 것을 즐겨하지 않는다는 그의 시작 태도에서 시에 대한 엄격한 자세를 느낄수 있다.

| | |
|---|---|
| 시를 좋아하지만 반드시 지을 필요는 없네. | 好詩不必作 |
| 시를 좋아하면 두루 사람에게 미친다 하나 | 好詩遍人耳 |
| 두루 미치는 것은 오히려 가릴 만하네. | 遍耳尚可揀 |
| 시를 좋아하지만 후미가 두렵고 | 好詩畏後尾 |
| 후미를 두려워함은 참으로 우스운 일이네. | 畏尾眞可笑 |
| …… | …… |

「호시불필작好詩不必作」

권3에서 권7까지는 서간문이 실려 있다. 편지의 내용은 대부분 학문에 관하여 문답하거나 토론한 내용이다. 주로 스승인 구사당九思堂 김낙행金樂行과 대산 이상정에게 올린 편지들과 친구 및 제자들과 주고받은 편지들이다. 권8에는 잡저가 실려 있는데, 그중 「운교문답雲橋問答」은 유·불·도 3교의 사상과 학설을 비교하면서 천주학을 비판한 글로서 18세기 말 천주학에 대한 영남 유림의 위기의식을 확인할 수 있다. 만곡이 서학을 접하게 된 것은 조부의 신원을 위해 서울에 올라가서 기호 남인의 중심인물들과 교유하게 된 것이 계기가 된 듯하다. 주로 만난 인물은 이헌경李獻慶, 이가환李家煥, 정약용丁若鏞 등이다. 같은 곳에 실린 「유석분합변儒釋分合辨」은 유학을 숭상하고 불학佛學을 비판하는 글이다. 그 밖에 「향음주의고鄕飮酒儀攷」는 1799년(정조 23) 안동 도산 서원의 향음주례에 관한 의식을 질정한 것이다. 그 외 권12에서 17까지는 제문, 묘갈명, 행장 등의 글이 많은데, 영남지역 유림에서 만곡이 차지하는 위상을 알 수 있는 부분이기도 하다.

　『초당세고』는 가문에 전승되고 있는 옥천종가 역대 인물들의 유고를 현대에 후손들이 새로 정리하여 간행한 문집이다. 이를 통해 우리는 옥천의 삶과 정신세계뿐만 아니라 후손들에게 그의 정신과 사상이 어떻게 이어지고 있는지를 알 수 있다. 물론 영남지역 내에서 옥천종가가 관계 맺고 있는 인물들이 누구인지, 그들이 옥천과 옥천종가를 어떻게 수용하고 있는지를 살펴보는 것도 이 책을 읽는 재미가 될 것이다.

# 제4장 옥천종가의 건축문화

# 1. 가학의 산실, 옥천종택

　　주실마을로 들어가는 다리를 건너 호은종택 방향으로 우회전하여 30미터 가량 가다 보면 좌측으로 골목이 나오는데, 이 길을 따라 올라가면 골목의 끝에 옥천종택이 위치하고 있다. 마을의 북쪽에 해당하고 있어 종택의 마루에서 마을을 한눈에 내려다볼 수 있다. 주실마을에서 전망이 가장 좋은 집이다. 경상북도 민속자료 제42호로 지정된 옥천종택은 옥천 조덕린의 종가로 17세기 말엽에 건립된 건물이다.

　　옥천종택은 크게 살림채, 초당, 사당으로 구성되어 있다. 입구의 가파른 돌계단을 걸어 올라가서 대문을 들어가면 넓은 마당이 나오는데, 정면 좌측에는 별당인 '초당'이 위치하고 우측에는

옥천종택 가는 골목

옥천종택 입구

玉川宗宅

살림채인 안채, 사랑방 등이 있다.

좌측의 초당은 지붕에 볏짚으로 이엉을 얹었는데, 주로 글 읽는 별당 기능을 하는 건물로 쓰였다고 한다. 초당은 조덕린의 아들 통덕랑通德郎 희당喜堂이 부친을 위하여 1695년(숙종 21)에 정 침의 남쪽 우편에 구축한 건물로 아이들의 글공부나 노인들의 거 처로 쓰였다. 정면 3칸, 측면 1칸으로 되어 있다. 초당의 현판 글 씨는 외손이면서 당대 안동지역에서 서법의 대가였던 김희수金 羲壽가 89세 때 쓴 것이다.

살림채는 경북지역 특유의 'ㅁ자형' 가옥으로 정면 5칸, 측 면 6칸이며, 앞뒤가 좌우보다 1칸 더 길다. 지붕은 팔작지붕을 얹 어 날렵한 모양새를 취하고 있다. 살림채 좌측에 사랑방이 있고, 우측에는 고방으로 쓰이는 온돌방이 있다. 살림채를 들어서면 중앙에 안채가 나온다. 안채는 가운데 6칸 대청을 두고 오른편에 2칸 통간의 안방과 부엌을 배치하고 있다. 마루 정면 상단에는 '옥천고택玉川古宅'의 현판이 내려다보고 있어서 엄숙한 가풍만 큼이나 고풍스런 분위기를 연출하고 있다. 대청 왼편에는 건넌 방이 있고, 건넌방과 부엌과 광, 사랑방이 연결되어 있다. 안채에 안사랑이 있는 점이 특색이다. 우측 안방 앞쪽으로는 부엌과 창 고가 있다. 안방이 동쪽으로 오고 사랑방이 서쪽으로 배치된 점 이 특이한데, 이 형식은 18세기부터 안방과 부엌이 서쪽으로 배 치되는 평면구성으로 통일된다. 또한 지붕을 두꺼운 널을 팔八

사당으로 오르는 길

자 모양으로 붙인 박공으로 처리하는 등 상당히 오래된 건축기법
을 갖고 있다. 종택의 건물들은 대체로 자연석으로 된 초석 위에
자연스럽게 기둥을 세워 지붕을 받치게 하였다.

　살림채 우측 뒤편 경사진 언덕을 오르면 조상의 위패를 모신
사당이 나타난다. 조선시대 양반가에서는 정침 동쪽에 가묘家廟
를 건축하였는데, 옥천종택에서도 이러한 관례를 따라 사당을 건
축한 것이다. 사당은 1790년에 건립된 3칸 건물이다. 안채 뒤쪽
오른편에 따로 건축되어 있고, 낮은 담장으로 둘러싸여 있다. 기

교는 없으나 아주 전형적인 살림집 구조로 되어 있으며, 옥천과 두 비위妣位를 모신 곳이고, 옥천의 불천위 제례를 봉행하는 장소이다. 평소에는 잠가 두었다가 필요할 때만 개방한다고 한다. 집 안의 구조물들 가운데 가장 위계가 높은 건물이다. 불천위 제사를 지낼 때는 50명에 가까운 사람들이 참여하다 보니 방과 마루, 마당에까지 문중 사람들이 가득 차 비좁게 느껴지기도 한다.

옥천종택은 뛰어난 전망과 아늑한 풍수적 위치 속에서 종가 가학의 산실 기능을 하면서 학문에 전념할 수 있도록 지어졌다. 그리하여 이 종택을 중심으로 가문의 주요 인물들인 조희당, 조운도, 조진도, 조술도, 조거신, 조만기 등의 인물이 배출되었다.

# 2. 강학의 공간들 – 만곡정사, 창주정사, 월록서당

## 1) 만곡정사

주실마을에는 옥천종택과 호은종택 같이 한양조씨 가문의 전통을 계승하고 있는 공간도 있지만, 강학과 학문이 이루어지는 정사와 서당의 공간들도 많다. 이러한 강학의 공간을 따라가는 여정은 곧 옥천을 비롯한 후손들과 주실마을 청년들이 어떻게 주실의 문흥文興을 견인했는지 확인하는 길이 될 것이다. 마을을 들어서서 왼쪽 길을 올라가서 포장된 도로를 따라 한참 걸어 들어가다 보면 좌측 아래편에 오래된 정사의 지붕이 눈에 띈다.

풀이 많이 자라 정사 주변을 덮을 때면 자칫 눈에 띄지 않을

만곡정사 원경

수도 있다. 도로에서 나무판자를 아래로 걸쳐 두고 내려갈 수 있
도록 하였다. 풀이 덮인 돌계단을 따라 내려가다 보면 배수로가
나오는데, 이를 넘어 풀숲을 헤치고 들어가면 아늑하지만 굳건한
모습의 만곡정사가 모습을 드러낸다. 사람의 손길이 자주 닿지
않은 탓인지 정사 주변에 풀이 많이 자라 접근하기 쉽지 않은 모
습이지만, 외려 그러한 환경 때문에 정사 본연의 모습이 훼손되
지 않고 잘 유지되고 있는 듯한 인상이다.

　　경북 문화재자료 제341호인 만곡정사는 만곡 조술도의 후학

만곡정사 현판

만곡정사

들이 스승을 추모하여 만든 정사이다. 1790년(정조 14) 영양 원당리에 건립하였는데, 순조 때인 1802년에 주실마을로 옮겼다. 만곡정사의 본래 이름은 '미운정媚雲亭'으로, 미운은 주희의 「운곡雲谷」시 구절 가운데 "다행히 임우의 자품이 부족하니 아늑한 곳에 홀로 있음을 즐김이 무슨 방해가 될까?"에서 가져온 것이다. 정사를 주실로 옮겨오면서 조술도의 호를 따서 '만곡정사'로 이름을 바꾸었다. 만곡정사의 현판은 남인의 대표 학자인 채제공이 78세인 1797년에 주실을 방문하였을 때 친필로 남긴 것이다.

만곡정사는 정면 3칸, 측면 2.5칸 규모의 홑처마 팔작집이다. 건물은 중당협실형이며, 중앙의 마루를 중심으로 좌우에 온돌방을 들였고 왼쪽 온돌방 뒤쪽에 수장공간이 있다. 중앙에 설치된 마루에는 앞쪽에 두 짝의 여닫이 띠살문을 시설하여 폐쇄적인 형태를 보여 주는데, 이것은 주실의 기타 정사에서도 흔히 볼 수 있는 양식이다. 그러나 전체 건물에서 살펴보면, 좌우 양 측면에만 담을 쌓고 건물 정면 및 배면은 담이 없이 개방된 형태이다. 만곡정사 왼편 온돌방 뒤쪽에는 서책을 보관해 두던 책방이 있다. 여러 문인들이 학문을 토론하던 중앙의 마루는 현재 폐쇄되어 있다. 이 만곡정사는 18세기 말 지방 정자의 건축양식을 잘 보여 주는 건축물이다.

창주정사 오르는 길

## 2) 창주정사

만곡정사를 나와 다시 마을의 중앙으로 와서 골목길을 따라
올라가면 옥천종택이 나오는데, 그 우측 맞은편 계단을 올라가면
정사가 또 하나 나타난다. 바로 옥천 조덕린의 정사인 창주정사
滄洲精舍이다.

창주는 옥천의 별호로, 정사는 정면 4칸과 측면 2칸 규모에
홑처마 팔작지붕집이다. 마루 안쪽에 키 큰 띠살문을 통해 양측
온돌방을 출입할 수 있게 하였고, 마루 배면에는 판문을 달아 놓

창주정사 모습

임산서당 현판

창주재 현판

았다. 산을 등지고 들을 향해 건축하였기 때문에 건물 앞쪽에만 낮은 담을 길게 쌓았다. 앞쪽 담 가운데로 작은 사주문을 세워 출입하게 하였다. 정면 2칸의 넓게 개방된 대청을 중심으로 좌우에 온돌방 1칸씩을 배치한 구조이다.

창주정사에서 우측으로 보면 옥천종택의 마당과 사당이 보인다. 창주정사는 처음에 1708년 태백산 노고봉 기슭에 있는 봉화군 소천면 소라리에 창건했다가 영양군 청기면 흥림산의 정족리로 이건하였고, 이후 화재로 인해 소실된 것을 재건하면서 임산서당霖山書堂이라 하였으며, 그 뒤 1990년에 주실로 옮겼다. 현재 건물 정면에는 '창주정사滄洲精舍'라는 현판이 걸려 있고 대청마루 안쪽 정면 내부에 현판이 다시 2개 더 걸려 있다. 정면 우측 현판이 '임산서당霖山書堂'이고, 정면 좌측 현판이 '창주재滄洲齋'이다. 측면에는 「창주정사기滄洲精舍記」가 걸려 있다. 정자의 현판 글씨는 정사노인精舍老人 조덕린이 쓴 것으로, 낙관은 옥계후인玉溪后人이다.

## 3) 월록서당

창주정사를 나서 골목길을 내려와 다시 호은종택 방향으로 걸어가면 지훈문학관의 우측으로 조지훈 그림이 그려진 이정표가 월록서당 방향으로 화살표를 가리키고 있다. 마을에서 한참

월록서당 가는 길

떨어진 한적한 곳에 위치하고 있다.

경북 유형문화재 제172호인 월록서당은 1765년(영조 41)에 일월면 주곡리의 한양조씨, 도곡리의 함양오씨, 가곡리의 야성정씨가 협력하고 옥천의 손자 월하 조운도와 만곡 조술도가 주관하여 건립한 서당이다. 1766년 마을 어귀에 터를 잡은 뒤 기와를 굽고 목재를 벌목하는 등의 기초 준비 과정을 거쳐 1771년에 본격적으로 일을 시작하여 3년 뒤인 1773년에 완공을 보았다. 논의 과정에서부터 완공에 이르기까지 10년 가까운 기간이 소요되었다. 이 서당은 조덕린 → 조술도 → 조언유 → 조승기로 이어지면서

월록서당

월록서당 현판

19세기까지 주실마을 가학의 산실 역할을 하였다.

　건물 정면의 붉은색 사주문을 통해 들어가면 정면 4칸, 측면 2칸의 팔작지붕구조의 서당 건물이 나타난다. 서당 가운데에는 두 칸의 마루가 있고, 양쪽 두 칸은 온돌방이다. 마루 배면을 제외한 정면과 양 측면에 좁은 쪽마루를 꾸미고 난간을 설치하였다. 일반 정사보다 권위 있는 분위기를 연출하고 있다. 서당 중앙의 마루에는 한 창문틀에 창문짝 네 짝을 들어서 여닫을 수 있는 문을 달았다. 서당의 왼쪽에는 '존성재存省齋', 오른쪽에는 '극복재克復齋'라는 편액이 붙어 있다. 존성재는 '존양성찰存養省察'의 의미를 담고 있으며, 극복재는 '극기복례克己復禮'에서 가져온 것이다. 대산 이상정의 서당기 및 천사川沙 김종덕金宗德과 간옹艮翁 이헌경李獻慶의 시판이 새겨져 있다. 월록서당의 현판 글씨는 번암 채제공이 썼다고 알려져 있으나 후손 조석걸 선생에 의하면

실제는 대산 이상정의 글씨가 맞다고 한다.

조선 후기 실학의 유행과 강학을 확대하는 흐름 속에서 지어져 주실마을 사람들의 교육의 구심점 역할을 해 온 월록서당은, 개화기 이후에는 주실마을을 가장 먼저 근대화한 마을로 바꾸는 데 중심 역할을 하였다. 마을 청년들을 위한 신교육을 담당하여 배움에 뜻을 둔 인근 사람들이 대부분 월록서당에서 글을 읽고 수학하였다. 대산 이상정이 지은 「월록서당기月麓書堂記」를 보면 이 공간의 문화적 의미가 잘 나타나 있다.

> 일월산이 성대하게 영동의 버리가 되어 그 옆으로 뻗은 가지가 남으로 수십 리를 달려가다가 빙 둘러 감싸서 골짝 하나를 이루었는데, 그 구불구불 성대하게 뻗어 나간 기가 모여서 이곳 인물에게 부여되었으니 바로 창주滄洲 조공趙公 선생 형제이다. 조공 형제는 문장과 덕행으로 세상의 추중을 받았으니, 그 전해 오는 광휘와 남은 향기가 성대히 한 지역을 뒤덮어 지금까지도 문질文質을 고루 갖춘 군자의 유풍이 남아 있다.
> 그 후손인 성제聖際 조운도趙運道와 두 아우가 모두 뛰어나고 문장이 있는데, 근자에 나를 찾아와서 말하기를 "선조와 세대가 점점 멀어지고 사는 곳이 궁벽하니, 자제와 후손들이 그 보고 본받는 바가 없어서 스스로 떨치지 못할까 염려스러웠습니다. 마침내 일가, 이웃들과 의논하여 마을 어귀 시냇가의 반석

에다가 규획하여 따뜻한 방과 시원한 마루를 만들었습니다. 낙성한 뒤에 마을의 부형들이 자제들과 함께 종유하며 그 안에서 독서하고 학업을 강구하게 하여 거의 진보가 있기를 바랄 수 있게 되었습니다. 그러니 이들을 이끌어 주는 방법을 그대가 한마디 해 주시기 바랍니다" 하였다.

내가 생각건대, 향리의 당상黨庠과 가숙家塾 제도가 없어지고 나자 서당이 생겨 마을과 동네 곳곳마다 있게 되었는데, 그곳에서 가르치는 내용을 살펴보면 선왕의 법과는 다르다. 이제 공들의 마음 씀이 부지런하기는 하나 단지 세속에서 하는 것처럼 문예의 솜씨를 닦고 문장의 화려함을 경주하여 과거에 급제하는 데에만 도움이 되고자 한다면, 나는 이런 일에 익숙하지 않으니 진실로 부탁을 받을 수가 없다. 그러나 옛날 당상과 가숙에서 했던 가르침에 뜻을 둔 것이라면 성현이 후인들에게 보여 주신 것이 책에 갖추어 실려 있으니 또한 달리 구할 필요가 없을 것이다.

어려서는 청소하고 응대하는 예절과 육예六藝의 방법을 익히고, 자라서는 이치를 궁구하고 마음을 바로잡으며 자신을 성취하고 남을 선하게 하는 공부에 나아가야 한다. 그리하여 배워서 지식을 모으고 물어서 사물을 분별하여 의리의 취향을 넓히며 체험하고 사려를 온전히 길러서 실천하는 실제를 지극히 하여야, 체와 용이 완전해져서 어느 한쪽으로 치우치지 않고 본말이 다 갖추어져 선후에 차질이 없게 되는 것이다. 급박하게 구하면 맹자가 말한 것처럼 묘苗를 뽑아 조장助長할까 싶어 걱정스럽고, 느긋이 기다리면 놀기만 하다가 황음荒淫에 빠질까 염려스럽다. 먼 곳에 오를 적에는 가까운 곳에서부터 시작하는 순서를 따르고, 처음은 잘하지만 끝을 잘하는 이가 드물다는 경계를 유념하여야 한다. 독실하게 행하고 오랫동안 지켜 나가서 충분히 축적된 뒤라면, '행'의 공부와 '지'의 공부가 서로 바탕이 되고 이치와 일이 서로 함양하여 급작스러운 순간에도 참된 근원을 만나고 수작하는 사이에 오묘한 쓰임을 체득할 것이다. 이것이 맹자의 이른바 '깊이 나아가 자득하는 것'이요 '즐거우면 어찌 그만둘 수 있겠는가'라는 것이니, 옛사람이 말한 '완상하고 즐기어 몸을 마친다'라는 경지가 어느새 나에게 있게 될 것이다. 학문이 가르치고 기르는 데서 얻는 것은 이와 같은 것이다.

이제 서당이 완성되어 가르침이 시작되었는데, 모르겠지만 부형이 가르치는 바와 자제가 배우는 바가 과연 이런 방침에서 나올 수 있겠는가? 만일 이것을 버려두고 오직 문예만을 전적으로 공부하여 진취하기만을 도모한다면 달콤한 복숭아를 버리고 신 돌배를 따는 격이며 사통팔달의 큰길을 피하고 꼬불꼬불한 오솔길을 찾는 격이어서, 부지런히 공부할수록 더욱 굳게 그 심술을 무너뜨릴 것이니 공들은 이런 짓을 하지 않을 줄 안다. 내가 한 번 그 당에 나아가 공들과 인사를 나누지는 못하였으나 여러 공이 부탁한 뜻에 감격하여 그 설을 지은 것이다. 훗날 영해 사이에 뛰어난 재주를 지닌 탁월한 인재가 어깨를 나란히 하고 배출된다면, 또한 내 말이 망녕되지 않았음을 자신할 수 있을 것이다. 그 산수와 바위, 골짝의 형승 및 화초, 조어鳥魚의 즐거움은 학재에 사는 제군들이 스스로 터득할 것이니, 또 어찌 내 말을 필요로 하겠는가. 이에 기문을 짓는다.

여기서 창주 조공 형제는 조덕린과 조덕순 형제를 가리키며, 조운도의 두 아우는 만곡 조술도와 마암 조진도를 가리킨다. 대산 이상정은 옥천종가 사람들의 부탁을 받고 기문을 지어 주면서 당시 마을마다 건립되는 서당의 가르침이 과거급제를 위한 문예 능력 향상에만 치우침을 염려하면서 주자 등 성현의 가르침을 올바로 실천하는 것이 중요함을 강조하였다.

### 4) 기타 누정들

이 외에도 주실마을에는 강학과 풍류를 나누는 장소로서 누정들이 많다. 먼저 조덕린의 현손이면서 월하공의 손자인 학파鶴坡 조성복趙星復이 머물었던 학파정이 마을의 중앙에 위치하고 있다. 원래는 영양군 일월면 섬촌리에 있던 것을 주실마을로 옮겨

온 것이다. 정약용丁若鏞이 지어 준 정사기가 있다.

또한 옥천 조덕린이 만년에 수양하고자 1727년 자제들에게 편지를 보내어 소라의 별서 뒤편에 짓게 한 사미정四未亭이 있다. 경북 문화재자료 제276호이다. 정미년 정미월 정미일 미시에 지었다고 해서 '사미四未' 라 이름 붙였다고 한다. 조덕린은 1727년 종성의 귀양지에서 『중용』을 읽다가 "군자의 도에 네 가지가 있으나 나는 하나도 능한 것이 없다" 라고 한 공자의 말에 이르러서 책을 덮고 탄식을 하였다. 그리고 자손들에게 명하여 정자를 건립하게 했는데, 그때가 마침 정미년 정미월 정미일 정미시였으므로 4개의 '미未' 자를 취하여 사미정이라고 명명하였다는 것이다. 정자의 현판 글씨는 번암 채제공의 친필로 전해지고 있다.

그리고 1821년 청송의 대둔산 아래에 고은古隱 조거남趙居南이 지은 갈은정葛隱亭이 있다. 여기에도 정약용이 지어 준 「갈은정기葛隱亭記」가 있다.

위의 누정들은 공식적인 교육공간은 아니지만 모두 옥천 문중 젊은이들의 강학과 학문의 공간으로 기능하였다. 영양지역의 누정 가운데 16세기에서 19세기에 건립된 것이 모두 30개인데 이 중 절반 가량을 한양조씨 문중에서 지었다고 하니, 그 건축 시기나 건축 동기, 건축의 주체 등으로 볼 때 상당한 문화적 의미를 가지는 공간이라 할 수 있다.

# 제5장 옥천 불천위 제사

# 1. 옥천 불천위 제사

　　옥천玉川 조덕린趙德鄰은 불천위不遷位로 모서지고 있다. 본래
불천위 제사는 국가공신 혹은 덕망이 높은 자를 나라에서 정하여
제사를 지낼 수 있도록 허락한 것으로, 신위를 땅에 묻지 않고 영
원히 사당에 모실 수 있도록 허락한 제사이다. 대상으로는 조선
초기 개국공신부터 후기까지의 덕망 높은 자들이 선정되었다.
불천위는 총 3가지의 종류가 있는데, 그중 국불천위國不遷位는 나
라에서 특별히 정한 것으로서 3가지 불천위 중 가장 권위가 높
다. 다음으로 향불천위鄕不遷位(儒林不遷位)가 있는데, 유학 발전에
큰 업적을 남기고 충절이 높은 분을 엄격한 규정에 의하여 일정
한 수 이상의 유림의 찬성을 받아 결정한다. 마지막으로 사불천

위私不遷位(門中不遷位)가 있는데, 인물의 판단 기준은 개인에 따라서 다를 수 있으므로 조금 다른 각도로 불천위로 모셔진 분들도 있다. 조선 후기에 와서는 시호도 받지 못하고 학자로서의 명성도 크게 떨치지 못했지만 문중 차원에서 자기 조상 가운데 한 분(입향조·현조 등)을 지역유림의 추인을 받는 형식으로 불천위로 옹립하는 일도 나타났다. 이는 정통성과 정체성의 확립이 절실했기 때문일 것이다. 이렇게 옹립된 분을 '사불천위'라 한다. 옥천 조덕린은 세 불천위 가운데 두 번째 향불천위에 해당한다.

옥천 불천위 제사는 사당에서 지낸다. 사당은 불천위 고위와 비위 신주만을 감실 하나에 모셔 둔 형태이다. 주독은 2개인데, 옥천 및 안동권씨의 신주를 모신 것과 진주강씨의 것이다. 조덕린의 불천위 제사는 원래 음력 7월 19일 밤에 지냈으나, 종손의 사정에 의해 1988년부터 양력 8월 15일 오시(11시~13시)에 지내고 있다.

제일祭日을 양력으로 바꾼 종손은 현 종손 조우철 씨의 부친인 10세손 조대봉 씨로, 자손 및 문중 사람들의 제사 참여를 위해 만세력에 기준하여 양력 8월 15일에 제사를 지내는 것으로 바꾸었다고 한다. 그 배경으로는, 우선 종손 증조부의 독립운동에 대한 건국훈장 애족장이 추서된 의미 있는 날이자 1988년 현 창주정사를 중건한 날이기도 하였기 때문이고, 또한 양력 8월 15일은 광복절로서 공휴일이기 때문에 보다 많은 후손들이 제사에 참여할 수 있었기 때문이기도 하다. 제사의 시간도 새벽이 아니라 오시인 오전 11시에서 오후 1시 사이로 정해 두었다. 이렇게 불천위 제일을 양력으로 바꾸고 시간을 변경할 수 있었던 것은 종손의 부친과 문중 사람들의 개방적인 의식에 힘입은 것이었다고 할 수 있다. 종가뿐만 아니라 마을에서는 이미 오래전부터 동제 및 차례 등의 의례를 양력으로 지내 오고 있었다. 또한 고위考位와 양위兩位의 비위妣位를 함께 모시는 것으로 하였다. 제일 전날인 8월 14일에는 종가에서 문회를 개최하여 한 해 동안의 문중 회계와 사업 등을 논의한다.

옥천종가의 문회 이름은 '초당회草堂會'이다. 문회의 회장은 주로 마을이나 문중의 최고 어른이 맡아 하는 경우가 많다. 문회에서는 주로 문중의 지출 또는 기금 내역을 보고하고, 향후 사업 일정을 논의한 다음 예산을 세우고 의사결정을 한다.

제사에 참여하는 사람들은 대부분 옥천의 후손들이고, 옥천의 형님인 조덕순의 후손들도 참여한다. 주실마을에 살고 있는 후손들이 대부분 참석하는데, 대략 30여 명에 달한다. 그 밖에 옥천의 외손과 제자의 자손들도 참석한다. 불천위 제사에 참석할 때는 반드시 유건과 도포를 차려입어야 하며, 도포를 입지 않으면 집사자로 참석할 수 없다. 현재 봉사손은 11대손 조우철이다.

## 2. 제사의 절차와 과정

### 1) 집사분정

일종의 업무분장에 해당하는 집사분정은 필요할 경우에만 진행하고, 반드시 하지는 않는다. 초헌관은 주로 종손이 맡지만, 부득이하게 종손이 불참할 때는 집안에서 나이가 많고 어른에 속하는 사람이 맡는다. 아헌과 종헌 역시 자손 중에 항렬이 높거나 나이가 많은 사람이 맡는다. 제를 지낼 때에는 제상 양 옆에서 집안의 젊은 사람이 제사를 돕는다.

## 2) 제청 준비와 진설

집사분정을 마치면 본격적으로 제사를 준비하게 된다. 우선 제를 지내기 전에 제청인 사당과 사당 주변을 깨끗이 하고 제상 등을 준비한다. 제상 앞쪽으로 향안과 향합을 두고 옆에 쟁반에 수저를 담은 그릇을 올려 둔다. 바깥마루에는 작은 상에 두 개의 주전자와 퇴주기를 올려 둔다. 제물 준비는 종손과 문중 사람들이 함께 하는데, 주로 주실마을의 문중 여성들이 일을 돕는다. 남자들은 주로 적을 준비하고 괴며, 생밤을 친다. 여자들은 떡을 만들고 괴며, 탕을 끓이고 나물을 준비하는 등 기타 제물을 준비한다.

오시 무렵이 되면 제물을 사당으로 옮기고 진설을 시작한다. 첫 번째 줄 왼쪽부터 대추, 밤, 배, 곶감, 사과, 감귤, 산자를 차례로 놓는다. 뒷줄 오른쪽부터는 포도, 수박, 적, 돼지고기를 놓는다. 왼쪽에는 나물류를 놓는다. 곡채, 청채, 산나물 등 3가지를 준비하는데, 산나물의 경우에는 도라지, 고사리 등을 함께 놓는다. 가운데는 간장, 김치를 놓는다. 적에 올리는 생선이나 육류는 반드시 익혀서 올린다. 적은 쇠고기, 조기, 방어, 가자미, 상어, 닭 등 꼬지를 만들어 올리는데, 가장 아래에 상어, 방어, 명태 등의 생선을 놓고 그 위에 가자미를 얹은 다음 맨 위에 통째로 찐 문어를 얹는다. 세 번째 줄에는 우측부터 떡, 탕과 메, 닭고기의 순서로 놓는다. 떡은 시루떡, 잡과편, 경단, 양대떡, 국화전, 조약,

제사 준비하는 모습

제사 진설

송구떡 등으로 괸다. 밥은 모두 세 그릇인데, 고비위가 모두 세 분이기 때문이다. 신주를 바라볼 때 가장 왼쪽으로 옥천의 신위가 모셔지고, 가운데에 권씨부인 신위, 오른쪽에 강씨부인 신위가 모셔진다.

### 3) 참신

진설이 끝나면 제관들은 사당으로 가서 자리를 잡고 제를 지낼 준비를 한다. 제관들이 모두 자리를 잡으면 주독主櫝을 연다. 주독은 신주를 넣어 모셔 두는 궤이다. 주독을 열면 제관들은 신

참신

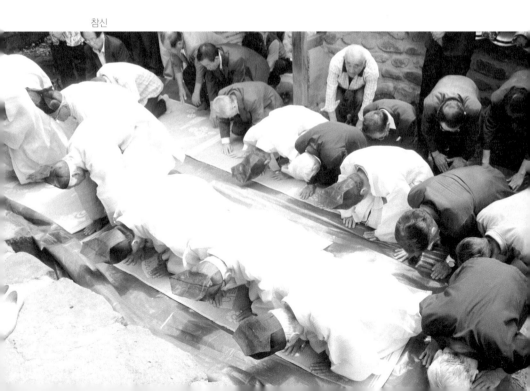

강신

진찬

주를 향해 두 번 절하여 참신의 예를 다한다.

### 4) 강신 · 진찬

초헌이 분향재배를 한 다음 두 번 절하여 강신례를 한다. 신의 강림 절차를 마친 후에는 반과 갱을 올려 2차 진설을 한다. 세 신위 앞에 각각 반과 갱을 놓는다.

### 5) 헌작

초헌이 제주를 신위에 올린 다음 메 뚜껑을 열고 적을 더한다. 이때 축관이 초헌관 왼쪽에 앉아 축문을 읽는다. 축문 읽기가 끝나면 초헌관은 재배를 한 다음 자리로 돌아간다. 초헌례를 끝낸 다음에는 아헌과 종헌이 예를 갖추어 잔을 올리고 절을 한다.

종헌례가 끝나면 신이 음식을 드시도록 권하는 절차가 있다. 종손이 없을 때는 집안의 어른이 헌작을 진행하는데, 보통 초헌은 재종조부와 같이 큰어른이 맡아 한다. 초헌관이 향안전 앞에 나아가 무릎을 꿇고 앉으면 집사자가 세 신위 앞의 잔을 차례로 초헌관에게 준다. 초헌관이 술잔을 들고 있으면 다른 집사자가 술을 따르고, 초헌관이 집사자에게 잔을 주면 집사자는 잔을 세 신위 앞에 차례로 올린다. 아헌과 종헌도 같은 방식으로 진행된다.

초헌

유식

## 6) 유식

헌작을 마치면 첨작잔으로 이용하는 잔에 집사자가 술을 따르고 메에 숟가락을 꽂은 후 제관들은 부복하여 신이 음식을 모두 드실 때까지 기다린다. 조상이 조용히 식사하도록 문을 닫는 합문闔門 의식이다. 어느 정도 시간이 지나면 축관은 기침소리를 내어 신이 식사를 모두 마쳤음을 알리고, 제관들은 국궁하고 대기한다. 집사자가 국그릇을 사당 밖으로 내어 간 뒤 준비하였던 맑은 물을 가져와 밥을 세 번 말고, 제관들은 국궁하여 대기한다.

## 7) 사신 · 음복

마지막으로 신을 보내는 사신례를 행한다. 제관들은 국궁에서 평신을 하고 숭늉그릇에 놓아두었던 숟가락을 내린 뒤 밥의 뚜껑을 닫고 모두 두 번 절한다. 이어 집사자들은 퇴주하고, 축관은 사당 앞에서 축문을 태우고 주독의 뚜껑을 닫은 뒤 감실 문을 닫는다. 모든 의례가 끝나면 제관들은 모두 사랑채로 자리를 옮겨 음복을 준비한다. 집사자는 제상의 제수를 옮겨 음복을 돕는다. 제상에 올랐던 적과 나물 등을 내오는데, 특이한 것은 밥에 국수를 함께 올려 내오는 전통이다. 밥과 국수, 나물 등을 한 그릇에 담아 비벼 먹는데, 전체적으로 간이 싱거운 편이지만 그 정

음복 음식

음복하는 모습

갈한 맛이 또한 일품이다.

　옥천의 불천위 제사가 양력으로 바뀌면서 옥천종가의 제례 문화에도 몇 가지 변화가 생겼다. 옥천의 두 비위의 제사를 옥천 불천위를 지낼 때 함께 지내면서 제사가 축소되었고, 옥천의 불천위 제사를 양력으로 지내면서 그 아랫대의 기제사도 모두 양력으로 바뀌었다. 이처럼 옥천종가는 모든 제일을 양력으로 고정함으로써 문중원들의 참여와 결속력을 더욱 강화하였다.

# 제6장 옥천종가의 일상과 종손의 활동

# 1. 종가의 음식들

종가의 음식으로는 칠일곡주, 명태보풀음, 집장, 빙사강정, 약과, 다식, 점주(찹쌀과 엿기름으로 담가 감주보다 더 단맛이 나는 술) 등이 있다.

## 1) 칠일곡주

칠일곡주는 종가에서 내려오는 가양주이다. 담그는 데 약 7일 정도가 걸린다고 하여 붙여진 이름이다. 먼저 누룩을 미리 빻아서 가루를 만들어 두고, 밀 껍질을 물과 함께 섞어 넓적한 모양으로 만들어 띄워 둔다. 이렇듯 햇누룩을 곱게 빻아서 가루로 준비해 둔다. 그런 다음 찹쌀 한 되 분량을 쪄서, 미리 만들어 둔 누룩과 따뜻한 물에 잘 섞어서 큰 단지에 넣고 3일 정도 따뜻한 방 안에 둔다. 다음날 멥쌀을 쪄서 식힌 다음 하루 동안 고슬고슬하도록 말린 후, 미리 만들어 둔 술 단지 안에 넣어 섞는다. 잘 섞은 다음에는 팔팔 끓인 물을 식혀서 용수에 부어 4일 동안 숙성시킨다. 이때 방 안의 온도는 약 30~40도 정도로 맞추어 두고, 이불로 단지를 잘 감싸서 보온이 되게 한다. 4일쯤 지나 숙성이 되면 용수를 박아서 술을 거른다. 용수를 박아 술을 거를 때까지 약 7일 정도가 소요된다.

## 2) 보풀음

보풀음은 종가에서 내려오는 내림음식 가운데 하나로, 칠일 곡주의 안주로도 잘 어울리고 손님상의 반찬으로도 제격이다. 보풀음은 주로 북어포나 대구포로 만드는데, 이를 잘게 찢은 뒤 분쇄기에 갈아서 참기름, 깨소금, 설탕 등을 조금 넣고 조물조물 무쳐 낸다.

## 3) 집장

종가에서 만들어 먹는 집장은 맛이 일품이다. 찹쌀을 걸쭉

하게 끓여 식혀 둔 다음 메줏가루를 섞는다. 메줏가루는 보릿가루, 밀가루, 콩가루를 곱지 않게 갈아서 띄워 말린 다음 간 것이다. 여기에 무, 가지, 부추, 버섯 등의 야채를 큼직하게 썰어서 함께 섞어 둔 다음 따뜻한 곳에서 이틀 정도 숙성시킨다. 이틀 후에 달이면서 조청을 조금 넣으면 집장이 완성된다.

### 4) 빙사강정

빙사강정은 종가에서 내려오는 전통 한과로, 명절이나 손님이 올 때 만들어 대접한다. 찹쌀가루를 맷돌에 갈아서 물에 가라앉힌 다음 물은 버리고 가루는 말린다. 가루를 찌면 풀처럼 되는데, 여기에 밀가루를 뿌린 다음 썰어 말려서 튀긴다. 완성된 빙사강정은 입에서 사르르 녹는 식감이 일품으로 고급 음식에 속한다.

### 5) 약과

종가에서는 명절뿐만 아니라 평시에도 종종 약과를 만들어 먹는다. 약과는 밀가루, 설탕, 소금, 생강, 참기름 등의 재료가 필요하며, 요즘 들어서는 베이킹파우더를 조금 넣기도 한다. 밀가루 5컵 분량에 설탕 2~3컵과 소금, 생강 등을 조금 넣고, 베이킹

파우더 2~3스푼, 참기름을 넉넉히 넣어 치댄다. 반죽한 것을 1센티미터 정도의 두께로 정사각형 모양으로 썬 다음 젓가락으로 네 귀퉁이에 구멍을 내어 노릇하게 튀겨 내고, 이것을 물엿에 담갔다가 빼 내면 약과가 완성된다.

### 6) 다식

종가에서는 명절이나 제사가 되면 다식을 만든다. 주로 송화다식, 검은깨다식, 미숫가루다식 등을 만든다. 각 재료에 꿀과 조청을 넣어 반죽한 다음 다식 틀에 찍어 낸다.

# 2. 변화하는 시대에 종손으로 살아가기

　　종손 조우철은 1967년생(현재 48세)으로 옥천의 11대손이 된다. 서울에 거주하다가 현재는 경기도 분당에 살고 있다. 종가 방문 시 종손의 부재로 재종숙 되는 주실마을의 조석걸(77세) 씨와 애기를 나누었다. 조석걸 씨는 현재 주실마을 문화해설사로 일하면서 옥천종택과 문중의 일을 돌보고 있다. 종손이 종택을 지키지 못하는 형편이다 보니 마을의 어른들이 그 빈자리를 채우고 있는데, 이마저도 앞으로는 쉽지 않을 것 같다면서 염려하는 기색이 짙었다. 나이가 들어 기억력도 예전 같지 않다는 말과 함께, 건강 때문에 자세히 말해 주지 못하는 것을 미안해했다. 마을의 형편을 물으니, 현재 5~60가호 정도 되는데 빈집이 많고 45가구 정도에 사람이 살고 있으며 그나마도 독거 가구가 25가구 정도 된다고 하였다. 한국국학진흥원에 주요 자료들을 기탁하여 현재 종택에는 중요한 자료가 보관되어 있지 않았지만 그래도 『한양 조씨대동보』는 얻어 볼 수 있었다. 정중하게 예를 다해 손님을 대하는 접빈객의 태도와 함께 종가에 대해서는 말씀을 아끼면서 도 가문에 대한 자부심을 숨기지 못하는 모습에서 주실마을 사람 들의 꿋꿋한 선비정신을 은연중에 느낄 수 있었다.

『초당세고』 1권 『옥천선생문집』을 보면 처음 나오는 그림이 '세전지가훈世傳之家訓'인데, 여기에는 "지행상방志行上方, 분복하 비分福下比"의 휘호가 제시되어 있다. 뜻과 행실은 자신보다 높은 사람과 같아지도록 하고 분수와 복은 자신보다 낮은 사람과 비교 하라는 가르침으로, 호은종택의 가훈인 '삼불차三不借'와 함께 주실마을의 정신을 상징하는 표현이다. 이러한 종가의 가훈과 관련된 정신세계와 철학적 방향은 중국 송대 『심경』의 가르침과 밀접한 연관성을 가진다고 볼 수 있다. 즉, "사람의 일심一心은 일 신一身을 주재主宰하고 경敬은 일심一心을 주재하니, 오직 경敬으 로써 내심內心을 올곧게 하고 의義로써 외행外行을 방정方正하게 해야 한다"라고 했다. 이는 욕심과 감정, 인심을 잘 다스려 중용 지도中庸之道에 이르는 것이 이상적이라고 여기는 것이다. 유학에 서 주요하게 여기는 성誠, 경敬 등을 후손들이 현실세계에서 지켜 나가기를 기대하는 진정성이 담겨져 있는 가훈이다.

이렇게 높은 뜻과 욕망의 절제를 강조하는 옥천의 가르침 때문인지 주실마을에서는 유난히 박사와 교수 등이 많이 배출되었다. 현 종손인 조우철은 한양조씨 27세손이며 옥천종가의 11세손이 된다. 아버지는 조대봉 씨이며 어머니는 류종춘 씨이다. 아버지 조대봉 씨는 2남 4녀 가운데 넷째로 태어났다. 영양고등학교에서 교편을 잡았고, 도 교육위원을 역임했으며 영남대학교에서 교수로 26년 동안 근무했다. 종손 조우철 씨는 서양철학(후설의 현상학)을 전공하여 박사과정을 수료하였고 현재 경영학 박사과정(마케팅 전공)에서도 공부를 진행 중이다. 졸업 이후에는 서울에서 직장생활을 하면서 종가에 대소사가 있을 때마다 내려와 종택에서 머문다. 아버지 조대봉 씨는 13세에 부친을 여의고 경제적으로 어려운 종가에서 훌륭히 성장하였다. 종손의 증조부 조만기趙萬基와 조부 조석구趙錫九가 독립운동을 위해 만주로 가면서 종가는 경제적으로 어려웠다. 어려서부터 경제적으로 어려웠지만 국가를 위해 헌신했던 어른들의 모습을 보면서 부친 역시 종가를 위해 많은 노력을 했던 것으로 보인다.

부친 조대봉은 조상들의 문집을 영인본으로 엮어 『초당세고』 4권으로 간행하였다. 비록 국역 작업은 못했지만, 가문의 자료들을 정리한 그의 노력 덕분에 옥천종가 인물들의 문화유산과 정신세계를 대중들이 이해할 수 있게 되었다. 현 종손은 부친의 뜻을 이어받아 문집의 국역작업을 계획하고 있고, 종손의 뜻에

공감한 지손들이 협조해서 국역 준비가 진행 중이다. 지손들은 국역 준비뿐만 아니라 서울에서 생활하고 있는 종손을 배려하여 여러모로 도움을 주고 있다. 불천위 제사 준비도 지손들이 모두 함께 협력하여 제사에 필요한 물품을 협찬하면서 의좋게 지내고 있다.

종손은 그 존재만으로도 가문을 하나로 결집시킬 수 있는 존재가 될 수도 있다. 비록 종택을 벗어나 멀리 있지만, 종손으로서의 책임감과 사명감을 굳건히 지키고 있기에 문중 사람들도 적극적으로 돕고자 한 것이다. 종손은 조상으로부터 이어져 온 철학적 정신 속에서 급변해 가는 이 시대의 한 구성원으로서 어떻게 살아갈 것인지 늘 고민한다. 옥천종가에는 조상들의 발원과 미래지향적인 내용을 담은 '백세청풍百世淸風'이라는 문구가 쓰인 병풍이 있다. 아마도 후손들이 어떻게 살아가야 할 것인가에 대한 조상들의 기대를 유추해 볼 수 있는 가승 유품인 듯하다. 이것의 의미는 일백 세대 후까지도 사표가 될 만한 절의를 뜻한다. 노론의 핍박 속에서도 을사소를 통해 당쟁의 폐해를 지적한 옥천의 기개와 이인좌의 난으로 위기에 처한 국가를 위해 떨치고 일어난 옥천의 애국적 의지는 공동체의 올바른 삶을 위한 헌신을 보여 주었으니, '백세청풍'은 현대의 우리에게도 시사하는 바가 큰 글귀이다. 앞서의 가훈과 함께, 높은 뜻을 강조하는 이 글귀에서 옥천종택이 도덕적 염결성廉潔性에 관한 한 매우 완벽한 지침과 방향을 갖고 있었음을 알 수 있다.

문중 사람들에 의하면 종손은 비록 지금은 외지에서 직업을 갖고 일하느라 종택을 돌보지 못하고 있지만 주실에 들어와 종택을 돌보며 사는 삶에 대해서도 고민하고 있다고 한다. 종손으로서의 자의식을 잊지 않고 있기에 가능한 고민이 아니겠는가? 종손을 비롯한 옥천의 후손들과 주실마을 사람들은 지금도 옥천의 가르침을 끊임없이 돌아볼 것이다. 불천위 제사는 바로 이러한 가문의 정신세계를 형성하는 가장 표상적 의식이라 할 수 있다. 변화하는 시대 속에서의 종손의 역할은, 가문의 전통을 지켜 내는 것도 물론 중요하지만 그에 못지않게 종가의 정신을 사회화시켜 공동체의 삶에 기여하는 것 또한 중요하다고 할 것이다.

# 3. 노종부 이야기

1930년생인 노종부 류종춘 여사는 현재 종손과 함께 살고 있다. 4남 3녀 중 넷째로 태어난 노종부는 어린 시절 안동 예안에서 살았고, 독립운동가인 친정아버지와 친정어머니로부터 수학하였다. 친정어머니로부터 국문을 배웠는데, 손재주가 뛰어나고 붓글씨를 비롯하여 자수, 음식 솜씨가 남달랐다. 25세 되던 해에 옥천종가로 시집을 왔는데, 당시 남편인 조대봉은 21세로 경북대학교 학생이었다. 류종춘 여사는 15년 동안 시어머니를 모시고 살았고, 남편이 영남대학교 교수로 임용되면서 가족 모두 대구에서 생활하게 되었다. 남편인 조대봉은 집안의 대소사를 비롯해 종손으로서 문중을 위해 많은 일을 했는데, 특히 인자한 성품으로 집안사람들을 화합하고 아우르는 능력이 탁월했다고 한다.

　남편이 작고한 뒤 종손의 빈자리를 메우고 종가의 살림을 돌보느라 종부 류종춘 여사는 고충이 많았다. 그러나 종부로서의 넉넉한 품성으로 일가를 챙기고, 늘 베푸는 삶을 실천하면서 살았다. 자녀들에게는 항상 정직해야 하고, 신의 있는 마음가짐과 행동거지를 지닐 것을 가르쳤다. 특히 딸에게는 "이웃과 음식을 나누어 먹을 때나 남에게 물건을 줄 때는 제일 좋은 것, 반듯한 것을 주고, 며느리를 잘 대접하고 귀하게 여겨야 한다"라고 가르쳤다. 류종춘은 이를 실천하는 삶을 살았고, 이로 인해 문중 사람들의 존경을 받으며 문중의 구심점이 될 수 있었다.

참고문헌

『漢陽趙氏兵參公派譜』.

민족문화연구소, 『영남문집해제: 옥천집』(민족문화연구소자료총서), 영
　　　　남대 민족문화연구소, 1988.

민족문화추진회, 『韓國文集叢刊』 175, 민족문화추진회, 1996.

안동대학교 안동문화연구소, 『영양 주실마을』, 예문서원, 2001.

영양군지편찬위원회, 『영양군지』, 영양군, 1998.

초당세고간행회 편, 『草堂世稿一―玉川先生文集』, 1987.

＿＿＿＿＿＿＿＿＿, 趙運道・趙進道・趙述道 저, 『草堂世稿二―月下集・
　　　　磨巖集・晩谷集』, 여강출판사, 1987.

＿＿＿＿＿＿＿＿＿, 趙居信・趙居南 저, 『草堂世稿三―梅塢文集・古隱文
　　　　集』, 여강출판사, 1987.

＿＿＿＿＿＿＿＿＿, 趙星復・趙秉禧 저, 『草堂世稿四―鶴坡遺稿・石農遺
　　　　稿』, 여강출판사, 1987.

한국국학진흥원, 『한양조씨 옥천종택』(한국국학진흥원소장 국학자료목
　　　　록집 12), 2012.


강희정, 「불천위 제사집단의 인식변화와 祭日의 양력화―경북 영양군 일
　　　　월면 주실마을의 사례를 중심으로」, 『민속연구』 9, 안동대 민속학
　　　　연구소, 1999.

고수연, 「戊申倡義錄을 통해 본 18, 19세기 嶺南 南人의 정치 동향」, 『역사
　　　　와 담론』 65, 호서사학회, 2013.

김남이 역주, 「조덕린」, 『18세기 여성생활사자료집』, 보고사, 2010.

김문식, 「18세기 金漢喆의 언론 활동」, 『한국사상과 문화』 31, 한국사상문
　　　　화학회, 2005.

김미영, 「한양조씨 옥천종가」, 『英陽 종가의 전통과 미래』, 민속원, 2014.

김봉규, 「16. 대의명분을 위해 목숨도 돌보지 않는 선비의 삶을 살다」, 『조선의 선비들, 인문학을 말하다』, 행복한미래, 2013.

김주한, 「趙德鄰의 문학세계」, 『인문연구』 15, 1994.

이현경, 「조선후기 京南과 嶺南의 교류 양상」, 『한국사상과 문화』 15, 한국사상문화학회, 2002.

장윤수, 「10장 조덕린」, 『경북 북부 지역의 성리학—퇴계에서 대산까지—』, 심산, 2013.

조광렬, 「한양조씨 계보와 주실 입향조 할아버지」, 『승무의 긴 어운 지조의 큰 울림—아버지 조지훈·삶과 문학과 정신』, 나남, 2007.

조준호, 「17-18세기 영양지방 한양조씨의 문중 연구」, 『북악사론』 4, 북악사학회, 1997.

채홍원 등 저, 강주진 역·편, 「趙德鄰」, 『嶺南人物考』, 탐구당, 1978.